热学

张国喜　周永杰　何彩霞◎编著

U0280931

中国水利水电出版社
www.waterpub.com.cn

·北京·

内 容 提 要

本书主要讲述了关于热学方面的知识。主要内容包括引言、温度、热学第一定律、气体分子运动论的基本概念、气体分子热运动速率和能量的统计分布率、气体内的输运过程、热力学的第二定律、固体、液体、相变和数学预备知识。

本书对从事热学相关领域研究的人员具有一定的参考价值，也可作为本科院校的参考教材。

图书在版编目（ＣＩＰ）数据

热学 / 张国喜，周永杰，何彩霞编著. -- 北京 ：
中国水利水电出版社，2017.4 (2019.1重印)
ISBN 978-7-5170-5369-9

Ⅰ．①热… Ⅱ．①张… ②周… ③何… Ⅲ．①热学
Ⅳ．①O551

中国版本图书馆CIP数据核字(2017)第087661号

书　　名	**热学** REXUE	
作　　者	张国喜　周永杰　何彩霞　编著	
出版发行	中国水利水电出版社 （北京市海淀区玉渊潭南路1号D座　100038） 网址：www.waterpub.com.cn E-mail：sales@waterpub.com.cn 电话：（010）68367658（营销中心）	
经　　售	北京科水图书销售中心（零售） 电话：（010）88383994、63202643、68545874 全国各地新华书店和相关出版物销售网点	
排　　版	北京时代澄宇科技有限公司	
印　　刷	北京中献拓方科技发展有限公司	
规　　格	184mm×260mm　16开本　10印张　234千字	
版　　次	2017年4月第1版　2019年1月第2次印刷	
定　　价	56.00元	

前　言

　　"热学"是物理专业学生必修的基础课程之一。通过本课程的学习，可使学生在掌握分子运动的规律和图像的基础上，用统计的方法揭示出宏观热力学系统中热现象的微观本质，并为"热力学与统计物理学"中热力学和统计力学部分的学习打好较坚实的基础。

　　本书是作者近30年教学经验的总结和积累，其中很多内容都是源于作者多年来课堂讲义。本书共分十章内容，引言和第一章至第六章由张国喜教授编写；第七章由周永杰编写；第八章至第十章及附录由何彩霞编写。本书课外阅读资料和习题由周永杰和何彩霞整理提供，最后由周永杰对全书进行统稿。在此向所有帮助和支持过我们的朋友表示感谢！本书在编写过程中参考和引用了部分国内外书籍和网站的相关内容，部分图片的素材也来源于书籍和网站，书中未能一一列举，在此一并表示感谢！

　　由于作者学识能力有限，书中难免一些不当之处，故恳请读者多多批评指正。

　　本书可用于物理专业的教师和学生使用，亦可供其他专业的读者参考。

作者

2017 年 4 月

目　　录

引 言

热 力 学 的 研 究 对 象

人们对热现象的认识是从触觉开始的，在生产和生活上经常遇到热现象，需要利用这类现象为生产和生活服务，为了有效利用这类现象，就必须研究它的规律，因而产生了热现象的理论——热力学与统计物理学。

在生产和生活中，人们发现当物体的冷热程度发生变化的时候，它的很多性质都会发生变化。例如，①物体受热后，物体的体积膨胀，即它的形状发生变化；②水加热到100℃，再继续加热就变成水蒸气，即它的物理性质发生变化；③软的钢件经过淬火（烧热后放入水中或油中迅速退热），可以提高硬度，而硬的钢件经过退火（烧热后缓慢降温冷却），可以变软；④导线受热后电阻增大等。我们把这些与物体冷热程度有关的物理性质的变化，统称为**热现象**。

宏观物体（由大量微观粒子如分子、原子或离子而组成的系统），以热现象为主要标志的运动形态称为**热运动**。在各种实际的自然过程中，热运动与机械、电磁、化学等其他的运动形态之间存在着广泛而深刻的内在联系。

例如，蒸汽机用加热的方法产生蒸汽，靠蒸汽膨胀对外做功而发生机械运动，从而实现了由热运动向机械运动的转化。

又如，在电灯中电流通过灯丝使灯丝加热到炽热状态而发光，从而实现了由电磁运动向热运动的转换，并进一步由热向光转化的双重转化过程。

热学由宏观理论部分、微观理论部分和物性学部分组成。下面是本书内容体系示意图。

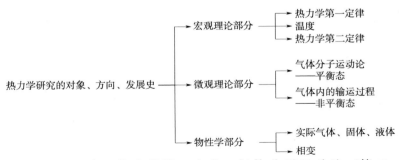

热力学第一定律、温度、热力学第二定律、气体分子运动论（第二、三、四、五章）——平衡态、气体内的输运过程（第六章）——非平衡态，这几章着重研究理想气体并以此为例分别阐述两种理论的不同的观点和方法，实际气体、固体、液体和相变（第

七、八、九章）这三章综合运用宏观微观两种方法阐述实际气体、固体、液体的性质及它们之间的变化规律。

要强调的是宏观现象一般是指空间线度大于10^{-9}m 的现象，微观现象一般是指空间线度小于10^{-9}m 的现象。

宏观理论——热力学是以大量的实验规律为出发点，应用数学演绎及推理方法，得出有关物质各种宏观性质之间的关系，宏观过程进行的方向等方面的结论。不涉及物质的微观结构，具有普遍性、唯象理论的特点。

特点：通过实验观察，应用热力学定律可以解释热现象。

优点：具有高度可靠和普适性。

局限性：不能对热现象进行本质的探讨；不能得到具体系统的具体特性；不能解释涨落现象。

微观理论——分子运动论和统计力学是从系统由大量微观粒子构成的前提出发，从物质微观结构和单个粒子遵从的力学规律出发，利用统计规律来导出宏观的热学规律。

特点：具有高度的逻辑性和科学性。

局限性：结果与实验有一定出入。

第一章　温　　度

本章主要内容：

（1）介绍如何从宏观角度描述一个热力学系统的平衡状态。

（2）研究如何根据热平衡关系给出热力学中的重要物理量——温度的定义，并以各种经验温标为例阐述温度测量的依据和标度方法。

（3）着重介绍理想气体温标。

（4）根据实验定律导出表示理想气体宏观参量之间关系的理想气体状态方程，并说明理想气体状态方程的应用。

第一节　平衡态　状态参量

热力学是研究热现象中物态特性和能量转换规律的物理学分支学科。我们在力学中已经了解了机械运动、刚体运动等运动形式，现在来了解一下热运动。我们把宏观物体（由大量微观粒子如分子、原子或离子而组成的系统）以**热现象**为重要标志的运动形态称为热运动。

宏观物体的热运动实质上就是组成这个物体的大量微观粒子的无规则运动（机械运动）在总体上表现出的一种运动（非机械运动）形态。

一、热力学平衡态

研究一个事物，我们首先要了解研究的客体和内容是什么，所以从这里入手。

热力学研究的客体是：由大量分子、原子组成的物体或物体系。

热力学研究的内容是：这个系统的热性质及热运动与机械运动等其他运动之间的转化，这样的系统也称为热力学系统。

热力学研究的是热力学系统的宏观性质及其变化规律。我们首先从一些具体的例子来研究宏观状态的一种非常重要的特殊情形——平衡态。

设有一封闭容器，用隔板分成 A 和 B 两部分，A 部分贮有气体，B 部分为真空，封闭容器的扩散现象如图 1-1 所示。

当隔板抽去后，A 部分的气体就会向 B 部分运动，在这个过程中，气体内各处的状况是不均匀的。但随着时间改变，气体内的状态也在发生变化，一直到最后达到各处均匀一致为止，在这以后，**如果没有外界影响**，则容器中的气体将始终保持这一状态，不再发生宏观变化。

又如，当两个冷热程度不同的物体相互接触时，热的物体变冷，冷的物体变热，直到最后两物体达到各处冷热程度均匀一致的状态为止，这时，**如果没有外界的影响**，则物体将始终保持这一状态，不再发生宏观变化。

再如，将水倒在脸盆内，发现经过一段时间后脸盆里的水干了，这是由于脸盆是开口的，水不断蒸发造成的。但如果把水倒在一个封闭容器内，封闭容器的蒸发现象如图 1-2 所示。则经过一段时间，蒸发现象停止，即容器中的水和蒸汽达到饱和状态，这时，**如果没有外界影响**，也不再发生宏观变化。

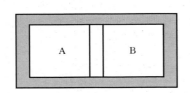

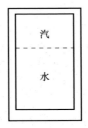

图 1-1　封闭容器的扩散现象　　　　　　　图 1-2　封闭容器的蒸发现象

类似的现象还可以举出很多，从这类现象中可以总结出一条共性的结论。即处在没有外界影响条件下的热力学系统，经过一定的时间，将达到一个确定的状态，而不再有任何宏观变化。我们将这种**在不受外界影响的条件下，宏观性质不随时间变化的状态叫作平衡态**。这里所说的没有外界影响是指外界对系统既不做功又不传热，如果系统通过做功或传热的方式与外界交换能量，则它就不能达到并保持平衡态。

严格地说，平衡态必须满足三个条件：**热学平衡条件**，即系统内部的宏观性质处处一样；**力学平衡条件**，即系统内部各部分之间、系统与外界之间应达到力学平衡（在通常情况下即没有外场等情况下，力学平衡反映为压强处处相等）；**化学平衡条件**，即在无外场作用下系统各部分的化学组成也应是处处相同的。只有同时满足热学、力学、化学平衡条件的系统，才不会存在热流与粒子流，才能处于平衡态。

在实际生活中没有完全不受外界影响，而且宏观性质保持绝对不变的系统，所以平衡态只是一种**理想的概念**。也是继力学中学到的质点、理想流体、刚体后的又一个理想模型，是在一定条件下对实际状态的概括和抽象。以后将看到，在很多实际问题中，可以把实际状态近似当作平衡态来处理。

应当指出，平衡态是指系统的宏观性质不随时间变化。从微观方面看，在平衡态下，组成系统的分子仍不停地运动，只不过分子运动的平均效果不随时间改变，而这种平均效果的不变在宏观上表现为系统达到了平衡态。因此热力学的平衡是动平衡，它与力学中的平衡是有区别的，力学中的平衡是一个单纯的静止（或匀速直线运动）问题，为了与力学平衡区别，通常称这种平衡为热动平衡。

从上面的分析我们可以总结出，判断一个系统是否处于平衡态，看这个系统是否满足下列两个条件：

（1）系统不受外界影响。

（2）系统的所有宏观性质不随时间变化。

需要说明的是：**在自然界中平衡是相对的、特殊的、局部的和暂时的，而不平衡才是绝对的、普遍的、全局的和经常的。**

二、状态参量

前面已指出，当系统达到平衡态时，系统内能观察到的一系列宏观性质都不随时间改变，因而都可以用某些确定的物理量来表征。当状态确定时，这些物理量都有一定的值，我们将这些作为描述系统状态变数的物理量，称为状态参量，下面举个例子来说明怎样用状态参量描述系统的平衡态。

一个系统是贮在汽缸中的一定质量的化学纯气体。我们可以用压强（力学参量）、体积（几何参量）两个参量确定这个系统，两者是独立可以改变的。同样，对于液体和各种同性固体，也可以用体积和压强来描述它们的状态。

如果这个系统是混合气体（例如氧和氮的混合物），就必须用体积、压强、质量或摩尔数（化学参量）三个独立参量来描述它们的状态。

当有电磁化现象出现时，除了上述三类参量外，还必须加上一些电磁参量，才能对系统的状态描述完全。研究电场中电介质的性质时，还需要电场强度和电极化强度来描述它们的磁状态。对于磁场中的磁介质，可用磁感应强度和磁化程度来描述它们的磁状态。

总的来说，在一般情况下，需用力学参量、几何参量、化学参量和电磁参量等四类参量来描述热力学系统中的平衡态，究竟用哪几个参量才能对系统的状态描述完全，由系统本身的性质决定。

第二节　温度的定义

从第一节中提到的四类参量可以看到，它们都不是热学特有的，它们都不能直接表征系统的冷热程度，因此，在热学中还必须引进一个表征系统冷热程度的新的物理量——温度。

一、热力学第零定律

如果两个热力学系统中的每一个都与第三个热力学系统的同一状态处于热平衡，则这两个热力学系统彼此也必定处于热平衡，这一结论称为热力学第零定律，也叫**热平衡定律**，它是福勒（R. H. Fower）于 1939 年对大量实验事实总结和概括基础上提出的。

值得注意的是，热平衡的概念不同于平衡态。平衡态的要求是系统的一切宏观性质都不随时间变化，因而必须满足热学的、力学的、化学的各种平衡条件。而热平衡仅需满足热学平衡条件，其他的不一定要满足。

二、温度的概念

热力学零定律为建立温度概念提供了实验基础，从这个定律知道，互为热平衡的热力学系统具有一个数值相等的状态参量，我们将这个状态参量定义为**温度**，即温度是决定一个系统是否与其他系统处于热平衡的物理量，它的特征就在于一切互为热平衡的系统都具有相同的温度。

应当注意到：热接触只是为平衡的建立创造了条件，而每个系统在热平衡时的温度仅仅决定了系统内部热运动的状态，换句话说，温度反映了系统本身内部热运动状态的特征，随着学习的深入我们会发现，温度反映了组成系统的大量分子无规则运动的剧烈程度。

一切互为热平衡的物体具有相同的温度，这是用温度计来测量温度的依据。

三、温标

以上关于温度的定义是定性的，不完全的，完全的定义还应该包括温度的数值表示法，也称温标。

我们结合温度计来说明如何确立温标：例如液体温度计是利用液体的体积随温度改变的性质制成，即用液体的体积来标志温度，这种温度计一般采用摄氏（Celsius）温度，历史上的摄氏温标规定冰点（指纯冰和纯水在 1 个标准大气压下达到平衡时的温度）为 0℃，汽点（指纯水和水蒸气在 1 个大气压下达到平衡时的温度）为 100℃。并认定液体体积随温度作线性变化，0℃和 100℃之间的温度按线性关系将温度计刻度。从上面例子我们可以看出，建立一种温标需要实现三个要素：

（1）选择测温物质和测温参量（如上例中的液体为测温物质，液体体积为测温参量）。

（2）规定测温参量随温度的变化关系（液体体积随温度作线性变化）。

（3）选定标准温度点并规定其数值（冰点：0℃；汽点：100℃）。

当温度改变时，不仅液体的体积随之变化，物质的许多其他物理属性，如一定容积气体的质量；一定压强气体的体积；金属导体的电阻；两种金属导体组成的热电偶电动势等都会发生变化。一般来说，任一物质的任一物理属性，只要它随温度的改变而发生单调的、显著的变化，都可选用来标志温度，即制作温度计。

这里自然会产生一个问题：用各种不同的摄氏温度计测量同一对象（某系统的某个平衡态）的温度时，所得到的结果是否相同呢？

用各种不同的摄氏温度计测量同一对象（某系统的某个平衡态）的温度时，所得到的结果不相同，如图 1-3 所示，这是因为不同物质的某一种性质或同一物质的不同性质随温度变化的关系并不相同，这表明了经验温标的相对性，即根据每种经验温标所进行的温度测量，只是相对于该种温度而赖以建立的测温依据才是正确的。

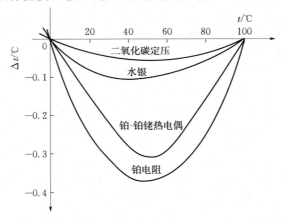

图 1-3 不同温度计测量同一对象温度的结果

四、气体温度计

为了使温度的测量统一，显然需要建立统一的温标，以它为标准来校正其他各种温标，在温度的计量工作中实际采用理想气体温标准为标准温标，这种温标是用气体温度计实现的，所以先介绍气体温度计。

气体温度计有两种：一种是定容气体温度计（气体的体积保持不变，压强随温度改变）；另一种是定压气体温度计（气体的压强保持不变，体积随温度改变）。

一个气体温度计如图 1-4 所示，测温泡 B（材料由待测温度范围和所用气体决定）内贮有一定质量的气体，经毛细管与水银压强计的左臂 M 相连，测量时，使左臂中的水银面在不同的温度下始终固定在同一位置 O 点，以保持气体的体积不变。当待测温度不同时，气体的压强不同，这个压强可由压强计两臂水银面的高度差 h 和右臂上端的大气压强求得。这样，就可由压强随温度的改变来确定温度，实际测量时，还必须考虑到各种误差来源（如测温泡和毛细管的体积随温度改变，毛细管中那部分气体的温度与待测温度不一致等），应当对测量结果进行修正。

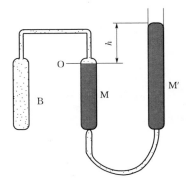

图 1-4　气体温度计

定压气体温度计的结构比图 1-4 中定容气体温度计复杂，操作和修正工作也麻烦得多，除在高温范围外，实际工作中一般都使用定容气体温度计，因此，对定压温度计不在这里具体介绍。

五、理想气体温标

定容气体温度计和定压气体温度计分别用气体的压强（体积保持不变）和体积（压强保持不变）作为温度的标志，前面讲到用这两种测温度属性可建立摄氏温标，现在着重讨论如何用这两种测温属性建立另一种温标——理想气体温标。

设用 $T(P)$ 表示定容气体温度计与待测系统达到热平衡时的温度值，用 P 表示这时用温度计测得并经修正的气体压强值，规定 $T(P)$ 与 P 成正比，即令

$$T(P) = \alpha P \tag{1-1}$$

式（1-1）中的 α 是比例系数，它需要根据选定的固定值来确定。1954 年以后，国际上规定只用一个固定点建立标准温标，这个固定点选的是水的三相点（指纯水、纯冰和水蒸气平衡共存的状态），并严格规定它的温度为 273.16K。

设用 P_{tr} 表示气体在三相点时的压强，则代入式（1-1）可得

$$273.16\text{K} = \alpha P_{tr}$$

$$\alpha = \frac{273.16\text{K}}{P_{tr}} \tag{1-2}$$

因此，式（1-2）可写为

$$T(P) = 273.16\text{K} \frac{P}{P_{tr}} \tag{1-3}$$

利用式（1-3）可由测到的气体压强值 P 来确定待测温度 $T(P)$，定容气体温度计常

用的气体有氢(H_2)、氦(He)、氮(N_2)、氧(O_2)和空气等。实验表明，用不同气体确定的定容温标，除根据规定它对水的三相点读数相同外，对其他温度的读数也相差很少，而且这些微小的差别在温度计所用的气体极稀薄时逐渐消失。通过实验我们可以知道，无论用什么气体所建立的温标（定容或定压的），在压强趋于 0 时，它们对同一测温对象所确定的温度都趋于一个共同的极限值，这个结论表明：在压强极低的极限情况下，气体温标只取决于气体的共同性质，而与特定气体的特殊性质无关，根据气体在压强趋近于零的极限情况下，所遵循的普遍规律建立的温标叫理想气体温标。如采用开氏温度法，取温度单位为 K，则它的定义式为

定容：
$$T = 273.16\text{K} \lim_{p_{tr} \to 0} \frac{P}{P_{tr}} \tag{1-4}$$

定压：
$$T = 273.16\text{K} \lim_{p_{tr} \to 0} \frac{V}{V_{tr}} \tag{1-5}$$

理想气体温标对极低的温度（气体的液化点以下）和高温（1000℃是上限）不适用。这种温标所能测量的最低温度为 1K，这时只能用氦做测温物质，因为它的液化点最低。在理想气体的温标中，低于 1K 的温度没有物理意义。

六、热力学温标

早在 1787 年，法国物理学家查理（J. Charles）就发现，在压力一定时，温度每升高1℃，一定量气体的体积增加值（膨胀率）是一个定值，体积膨胀率与温度呈线性关系。起初的实验得出该定值为气体在 0℃时体积的 1/269，后来经许多人历经几十年的实验修正，其中特别是 1802 年法国人盖-吕萨克（J. L. Gay - Lussac）提出的，在任何温度下一定量的气体，在压力一定时，气体的体积 V 与用 T 为温标表示的温度成正比，这叫做查理-盖·吕萨克定律。最后确定该值 1/273.15，事实上这种关系只适用于理想气体。为此，人们起初把 T 称为理想气体温度（温标），又叫绝对温度（温标）。在热力学形成后，发现该温标有更深刻的物理意义，特别是克劳修斯（Claosius）和开尔文（Kelvin）论证了绝对零度不可达到，便改称热力学温度（温标），并用 Kelvin 第一个字母 K 为其单位。

根据定义：1K 等于水的三相点的热力学温标的 1/273.16。

七、摄氏温标和华氏温标

1960 年，国际计量大会对摄氏温标做出新的定义
$$t/℃ = T/\text{K} - 273.15 \tag{1-6}$$

需要注意的是，0℃与冰点并不严格相等，两个结果在万分之一内是一致的。100℃与汽点并不严格相等，两个结果在百分之一度内是一致的。

$$t_F/℉ = 32 + \frac{9}{5} t/℃$$

根据这个关系可以确定，冰点（0℃）为 32.0℉，汽点（100℃）为 212.0℉，而 1 华氏度为 1 摄氏度的 $\frac{5}{9}$。

第三节　气体的状态方程

一、物态方程

在前面已经讲过热力学系统的平衡态可以用几何参量、力学参量、化学参量和电磁参量来描述，对一定的平衡态，这几类参量却具有一定的数值，第二节我们又看到一定的平衡态热力学系统具有确定的温度，由此可知，温度与上述几个参量之间必然存在一定的联系，或者说，温度是其他状态参量的函数。对于一定质量的气体，可用压强 P 和体积 V 来描述它的平衡态，所以对于这个平衡态来说温度 T 就是 P 和 V 的函数，这个函数关系可以写作

$$T = T(P, V) \quad \text{或} \quad f(T, P, V) = 0 \tag{1-7}$$

这个关系叫做气体的物态方程，它的具体形式需要由实验确定。

二、理想气体的状态方程

现在讨论如何根据实验结果来确定气体的状态方程。实验证明：当一定质量气体的温度保持不变时，它的压强和体积的乘积是一个常数

$$PV = C \tag{1-8}$$

常数 C 在不同的温度下有不同的数值，这个关系叫玻意尔定律，也叫玻意尔—马略特定律（Boyle - Mariotte）。大量的实验结果表明：不论何种气体，只要它的压强不太高（通常压强下），温度不太低，都近似地遵从玻意尔定律，气体的压强越低，它遵从玻意尔定律的准确度越高。

现在根据玻意尔定律和理想气体温标的定义，我们来确定常数 C 和温度 T 之间的关系。假设用的是定压气体温度计进行测温，常数 C 在水的三相点时的数值为 C_{tr}，温度计中气体在水的三相点时的压强和体积分别为 P_{tr} 和 V_{tr} 在任意温度时体积为 V，根据玻意尔定律有：

$$P_{tr} V_{tr} = C_{tr} \tag{1-9}$$

$$P_{tr} V = C \tag{1-10}$$

其中式（1-10）由于用的是定压气体温度计，所以 $P = P_{tr}$，代入定压气体温标的定义式 $T(V) = 273.16\text{K} \dfrac{V}{V_{tr}}$ 中得

$$T(V) = 273.16\text{K} \frac{P_{tr} V}{P_{tr} V_{tr}} \quad \text{（等式右边分子分母同乘 } p_{tr}\text{）}$$

$$= 273.16\text{K} \frac{C}{C_{tr}} \quad \text{（根据玻意尔—马略特定律）}$$

$$C = \frac{C_{tr}}{273.16\text{K}} T(V)$$

代入玻意尔—马略特定律得：

$$PV = \frac{C_{tr}}{273.16\text{K}} T(V) \tag{1-11}$$

这就是气体的**状态方程**，其中的温度 $T(V)$ 是用这种气体的定压温度计测定的，前面曾提到，实验证明，不论用什么气体，不论是定压还是定容，所建立的温标在气体压强趋于零时都趋于一个共同的极限值——理想气体温标 T。因此，在气体压强趋于零的极限情况下，我们可用 T 代替上面的 $T(V)$，并把上式改写为

$$PV = \frac{C_{tr}}{273.16\text{K}}T \qquad (1-12)$$

在一定的温度和压强下，气体的体积与其质量 M 或摩尔数 $\nu\left(\nu = \frac{M}{\mu}, \mu$ 为气体的摩尔质量$\right)$ 成正比，如果用 V_m 表示 1mol 气体的体积，则 $V = \nu V_m$，而 $C_{tr} = P_{tr}V_{tr} = \nu P_{tr}V_{m,tr}$，这样式（1-12）就可以进一步写作

$$PV = \nu \frac{P_{tr}V_{m,tr}}{273.16\text{K}}T \qquad (1-13)$$

根据阿伏伽德罗（Avogadro）定律，在气体压强趋于零的极限情形下，在相同的温度和压强下，1mol 任何气体所占的体积都相同，因此，在压强趋于零的极限情形下，式（1-13）中的 $\frac{P_{tr}V_{m,tr}}{273.16\text{K}}$ 数值对各种气体都是一样的，所以称为**普适气体常数**，并用 R 表示，即令

$$R = \frac{P_{tr}V_{m,tr}}{273.16\text{K}} \qquad (1-14)$$

代入式（1-13）中得

$$PV = \nu RT = \frac{M}{\mu}RT \qquad (1-15)$$

状态方程式（1-15）是根据玻意尔定律，理想气体温标的定义和阿伏伽德罗定律求得，而这三者所根据的都是气体在压强趋于零时的极限性质。因此，在通常的压强下（1个大气压），各种气体都只近似地遵从式（1-15），压强越低，近似程度越高，在压强趋于零的极限情形下，一切气体都严格地遵从它。

总结以上讨论可见，一切气体的压强、体积和温度的变化关系上都具有共性，这表现在它们都近似地遵从式（1-15）（当然，不同的气体还有不同的特性，这表现为它们遵从这个公式的准确程度不同）不同气体表现出不同的性质并不是偶然的，而是反映了气体一定的内在规律性，为了概括并研究气体的这一共同规律，我们引入了理想气体的概念：严格遵从式（1-15）的气体为**理想气体**，称式（1-15）为**理想气体方程**，理想气体是一个理想模型，在通常的压强下，可以近似地用这个模型来概括实际气体，压强越低，这种概括的精确度就越高。

三、普适气体常数 R

由式（1-14）得

$$R = \frac{P_{tr}V_{tr}}{273.16\text{K}}$$

它的数值可以由 1mol 气体在水的三相点（$T_{tr} = 273.16\text{K}$）及 1 个大气压（令式中的 $P_{tr} = 1\text{atm}$）下的体积 v_{tr} 推算出来。根据式（1-15），若设 1mol 理想气体在冰点（$T_0 =$

273.15K）时的压强和体积分别为 P_0 和 V_0，则有

$$\frac{P_0 V_0}{273.16\text{K}} = \frac{P_{\text{tr}} V_{\text{tr}}}{273.16\text{K}} = R \qquad (1-16)$$

因此 R 的值也可以由 1mol 理想气体的冰点及一个大气压（令 $P_0 = 1\text{atm}$）下的体积来推算。因为 V_0 的值已根据实验结果比较准确地求得，1mol 理想气体在 273.15K 及一个大气压下的体积为

$$V_0 = 22.413996 \times 10^{-3}\text{m}^3 \cdot \text{mol}^{-1}$$

由此可算出：$\qquad R = 8.314472\text{J} \cdot \text{mol}^{-1} \cdot \text{K}^{-1} \qquad (1-17)$

在国际单位制中，P_0 单位为 $\text{N} \cdot \text{m}^{-2}$，$V_0$ 单位是 $\text{m}^{-3} \cdot \text{mol}^{-1}$，所以乘积 PV_0 的单位是 $\text{N} \cdot \text{m} \cdot \text{mol}^{-1}$，即 $\text{J} \cdot \text{mol}^{-1}$。

如果 P_0 的单位用 atm，V_{rt} 的单位用 $\text{l} \cdot \text{mol}^{-1}$。则得

$$R = 8.20574 \times 10^{-2}\text{atm} \cdot \text{l} \cdot \text{mol}^{-1} \cdot \text{K}^{-1}$$

用热化学卡为单位时，因 1cal = 4.18J，所以 R 的数值为

$$R = 1.9872\text{cal} \cdot \text{mol}^{-1} \cdot \text{K}^{-1}$$

【例 1-1】 体积为 $1.0 \times 10^{-2}\text{m}^3$ 的瓶中盛有温度为 300K 的氧气。问：在温度不变的情况下，当瓶内压强由 $2.5 \times 10^5\text{N} \cdot \text{m}^{-2}$ 降到 $1.3 \times 10^5\text{N} \cdot \text{m}^{-2}$ 时，氧气共用去多少？

【解】 由题意可知，T，V 不变，且根据理想气体状态方程：$PV = \nu RT$

得原来氧气的摩尔数：$\nu_1 = \dfrac{P_1 V}{RT}$ 和剩下的氧气的摩尔数 $\nu_2 = \dfrac{P_2 V}{RT}$

因此用掉的氧气的摩尔数为：

$$\Delta \nu = \frac{V}{RT}(P_1 - P_2) = \frac{1.0 \times 10^{-2}}{8.31 \times 300} \times (2.5 - 1.3) \times 10^5 \approx 0.48(\text{mol})$$

又因为氧气的摩尔质量为

$$\mu = 32 \times 10^{-3}\text{kg} \cdot \text{mol}^{-1}$$

所以用掉的氧气的质量为

$$\Delta M = 0.48 \times 32 \times 10^{-3} = 0.015 \ (\text{kg})$$

四、混合气体状态方程

由实验证明：$P = P_1 + P_2 + \cdots + P_n$ 称为**道尔顿分压定律**。

$$(P_1 + P_2 + \cdots + P_n)V = \left(\frac{M_1}{\mu_1} + \frac{M_2}{\mu_2} + \cdots + \frac{M_n}{\mu_n}\right)RT \qquad (1-18)$$

$\overline{\mu}$ 称为平均摩尔质量。

$$\overline{\mu} = \frac{M}{\dfrac{M_1}{\mu_1} + \dfrac{M_2}{\mu_2} + \cdots + \dfrac{M_n}{\mu_n}} \qquad (1-19)$$

所以 $\qquad\qquad\qquad PV = \dfrac{M}{\overline{\mu}}RT$

五、非理想气体的状态方程（范德瓦尔斯方程）

在通常的压强和温度下，可以近似地用理想气体状态方程来处理实际问题，但经常需

要处理高压或低温条件下的气体问题。

理想气体：$$PV=RT$$

1mol 真实气体：$$\left(P+\frac{a}{V_m^2}\right)(V_m-b)=RT$$

这是 1mol 真实气体的范德瓦尔斯方程，a、b 对同一种气体是常数，并从实验测得。

阅 读 资 料

福勒（1889—1944），英国物理学家、天文学家。福勒最初在家接受教育，后进入埃文斯预备学校和温切斯特公学就读。之后他获得剑桥大学三一学院的奖学金，并且在此学习数学。第一次世界大战的时候，福勒隶属于英国皇家海军炮兵队。他在加利波利受到了严重的肩伤，因为受伤的缘故，他进到了物理领域。这段期间，他对螺旋导弹的空气动力学做出重大贡献。因为这项工作，他在 1918 年获得了大英帝国勋章。1919 年福勒回到剑桥大学三一学院，并被任命为数学科的学院讲师。在此他进行热动力学与统计力学的研究，为物理化学引入了新的研究方法。他与爱德华·亚瑟·米尔恩合作，在恒星光谱、压力、温度等方面作了许多开创性的工作。1925 年，他被选为皇家学会会士。

福勒（R. H. Fowler）

1926 年，他和学生保罗·狄拉克运用统计力学作了白矮星的研究。1928 年，他与洛萨·沃尔夫冈·诺德海姆合作发表了论文，解释了现在被称作场致电子放射的物理现象，并且建立了电子价带理论。他在 1931 年最先提出了热力学第零定律。1932 年，他被选为卡文迪许实验室理论物理的主持人。共有十五名皇家学会院士、三位诺贝尔奖得主在 1922—1939 年期间受到福勒的指导。

开尔文（1824—1907），英国著名物理学家、发明家，原名 W. 汤姆孙（William Thomson）。开尔文研究范围广泛，在热学、电磁学、流体力学、光学、地球物理、数学、工程应用等方面都做出了贡献。他一生发表论文多达 600 余篇，取得 70 种发明专利，他在当时科学界享有极高的名望，受到英国本国和欧美各国科学家、科学团体的推崇。他在

开尔文（Kelvin）

热学、电磁学及其工程应用方面的研究最为出色。

开尔文是热力学的主要奠基人之一，在热力学的发展中作出了一系列的重大贡献。他根据盖—吕萨克、卡诺和克拉珀龙的理论于1848年创立了热力学温标。他指出："这个温标的特点是它完全不依赖于任何特殊物质的物理性质。"这是现代科学上的标准温标。他是热力学第二定律的两个主要奠基人之一（另一个是克劳修斯），1851年他提出热力学第二定律："不可能从单一热源吸热使之完全变为有用功而不产生其他影响。"这是公认的热力学第二定律的标准说法；并且指出，如果此定律不成立，就必须承认可以有一种永动机，它借助于使海水或土壤冷却的热而无限制地得到机械功，即所谓的第二种永动机。他从热力学第二定律断言，能量耗散是普遍的趋势。

1852年他与焦耳合作进一步研究气体的内能，对焦耳气体自由膨胀实验作了改进，进行气体膨胀的多孔塞实验，发现了焦耳—汤姆孙效应，即气体经多孔塞绝热膨胀后所引起的温度变化现象。这一发现成为获得低温的主要方法之一，广泛地应用到低温技术中。1856年他从理论研究上预言了一种新的温差电效应，即当电流在温度不均匀的导体中流过时，导体除产生不可逆的焦耳热之外，还要吸收或放出一定的热量（称为汤姆孙热）。这一现象后来叫作汤姆孙效应。

罗伯特·玻意尔（1627—1691），英国化学家，出身于爱尔兰的贵族，家境富裕。玻意尔27岁迁居牛津，同胡克等许多科学家进行每周一次的学术交流，自称他们的聚会是"无形大学"，后来这个组织发展为世界第一个学会组织——英国皇家学会。1663年该学会受英国国王查尔斯二世的特许，设会所于伦敦。

玻意尔崇信弗·培根的唯物主义哲学和实验方法论。在17世纪初期，弗·培根一方面提倡科学，宣传功利主义的科学观，他的科学思想在英国的传播对皇家学会的建立起到了极其关键的作用。另一方面，培根几乎倾全力研究实验方法论，为新兴的近代科学提供新工具。对欧洲尤其是英国近代科学的先驱者牛顿、胡克、玻意尔等产生了重大的影响，玻意尔在培根思想的影响下，在青年时就建立了自己的实验室。玻意尔在科学研究上的兴趣是多方面的。他曾研究过气体物理学、气象学、热学、光学、电磁学、无机化学、分析化学、化学、工艺、物质结构理论以及哲学、神学等。

玻意尔（R. Boyle）

马略特（1602—1684），法国物理学家和植物生理学家。出生于法国的希尔戈尼的迪戎城，他一生的大部分时间是在这个城市度过的。曾任迪戎附近的圣马丁修道院院长。他酷爱科学，对物理学有广泛的研究，进行过多种物理实验，从事力学、热学、光学等方面的研究。他有严谨的科学作风，制成过多种物理仪器，善于用实验证实并发展当时重大的科学成果，成为法国实验物理学的创始人之一。正如玻意尔是伦敦皇家学会创始人之一一样，马略特是法国科学院的创建者之一，并成为该院第一批院士（1666）。1684年5月12日，马略特在巴黎逝世。

马略特（Edme Mariotte）

马略特在物理学上最突出的贡献是1676年发表在《气体的本性》论文中的定律：一定质量的气体在温度不变时其体积和压强成反比。这个定律是他独立确立的，在法国常称之为马略特定律。该定律1661年被英国科学家玻意尔首先发现，而被称为玻意尔定律。但马略特明确地指出了温度不变是该定律的适用条件，定律的表述也比玻意尔完整，实验数据也更令人信服，因此这一定律后被称为玻意尔—马略特定律。

阿伏伽德罗（1776—1856），意大利物理学家、化学家。1776年8月9日出生于都灵的一个贵族家庭。1792 年 8 月 9 日入都灵大学学习法学，1796 年获法学博士，以后从事律师工作。1800—1805 年又专门攻读数学和物理学，之后主要从事物理学、化学研究。于 1811 年提出了一个对近代科学有深远影响的假说：在相同的温度和压强条件下，相同体积中的任何气体总具有相同的分子个数。阿伏伽德罗的这一假说，后来被称为阿伏伽德罗定律。阿伏伽德罗是第一个认识到物质由分子组成、分子由原子组成的人。他的分子假说奠定了原子—分子论的基础，推动了物理学、化学的发展，对近代科学产生了深远的影响。他的四卷著作《有重量的物体的物理学》（1837—1841）是第一部关于分子物理学的教程。

阿伏伽德罗（Ameldeo Avogardo）

道尔顿（1766—1844），英国化学家、物理学家。道尔顿在 19 世纪初把原子假说引入了科学主流。他所提供的关键学说，使化学领域自那时有了巨大的进展。确切地说，并不是道尔顿首先提出所有物质都是由极其微小的、不可毁坏的粒子（原子）组成的。1787 年道尔顿在 26 岁时对气象学发生了兴趣，6 年后出版了一本有关气象学的书。对空气和大气的研究又使他对一般气体的特征产生了兴趣。通过一系列的实验，他发现了有关气体特性的两个重要定律：第一个定律是道尔顿在 1801 年提出来的，该定律认为：一种气体所占的体积与其温度成正比（一般称为查尔斯定律，是根据法国科学家查尔斯的名字命名的。他比道尔顿早几年发现了这个定律，但未能把其成果发表出来）；第二个定律是在

道尔顿（John Dalton）

1801 年提出来的，叫做道尔顿气体分压定律。

　　1804 年道尔顿就已系统地提出了他的原子学说，并且编制了一张原子量表。但是他的主要著作《化学哲学的新体系》直到 1808 年才问世，那是他的成功之作。他在晚年获得了许多荣誉。附带一提的是道尔顿患有色盲症。这种病的症状引起了他的好奇心。他开始研究这个课题，最终发表了一篇关于色盲的论文，即曾经问世的第一篇有关色盲的论文。

　　范德瓦尔斯（1837—1923），荷兰物理学家。曾任阿姆斯特丹大学教授，获得 1910 年诺贝尔物理学奖。1873 年他以《论气态和液态的连续性》这篇论文取得了博士学位，使他立刻进入了第一流物理学家的行列。在这篇论文中，他提出了包括气态和液态的"物态方程"，论证了气液态混合物不仅以连续的方式互相转化，而且事实上它们具有相同的本质。关于范德瓦尔斯第一篇论文中提出的这个结论的重要性，麦克斯韦在《自然》一书中有这样的评价："毫无疑问，范德瓦尔斯的名字将很快出现在第一流的分子科学家的名单中。"后来，他就这个课题和与此有关的课题又写了大量论文，发表在《荷兰皇家科学院学报》和《荷兰年鉴》上，并被译成多种文字。

范德瓦尔斯（van der Waals）

　　范德瓦尔斯对他论文的课题发生兴趣的直接原因，是克劳修斯的论文中将热看成是一种运动现象，使他想对安德鲁斯 1869 年证明气体存在临界温度时所作的实验寻找一种解释。范德瓦尔斯天才地发现，必须考虑分子的体积和分子间的作用力（现在一般称为范德瓦尔斯力），才能建立气体和液体压强、体积、温度之间的关系。范德瓦尔斯经过艰苦的努力，于 1880 年发表了第二项重大发现，当时他称之为"对应态定律"。这个定律指出：如果压强表示成临界压强的单调函数，体积表示成临界体积的单调函数，温度表示成临界温度的单调函数，就可得到适用于所有物质的物态方程的普遍形式，正是由于这个定律的指导，J. 杜瓦才在 1898 年制成了液态氢，翁纳斯在 1908 年制成了液态氦。翁纳斯因研究低温和制成液态氦而荣获 1913 年的诺贝尔物理学奖。他在 1910 年写道："我们一直把范德瓦尔斯的研究看成是实验取得成功的关键，莱顿的低温实验室是在他的理论影响下发展起来的。"10 年后，即 1890 年，关于"二元溶液理论"的第一篇论文在《荷兰年鉴》上刊出，这是范德瓦尔斯的又一项重大成就。

思 考 题

1-1 气体的平衡状态有何特征？当气体处于平衡状态时还有分子热运动吗？气体平衡状态与力学中所指的平衡有何不同？实际上能不能达到平衡态？

1-2 一金属杆一端置于沸水中，另一端和冰接触，当沸水和冰的温度维持不变时，则金属杆上各点的温度将不随时间而变化。试问金属杆这时是否处于平衡态？为什么？

1-3 水银气压计中上面空着的部分为什么要保持真空？如果混进了空气，将产生什么影响？能通过刻度修正这一影响吗？

1-4 从理想气体的实验定律，我们推出方程 $\dfrac{PV}{T}=$ 恒量。

(1) 对于摩尔数相同但种类不同的气体，此恒量是否相同。

(2) 对于一定量的同一种气体，在不同状态时此恒量是否相同？

(3) 对于同一种气体在质量不同时，此恒量是否相同？

1-5 有人认为："对于一定质量的某种气体，如果同时符合三个气体实验定律（玻意尔—马略特定律、盖-吕萨克定律、查理定律）中的任意两个，那么它就必然符合第三个定律。"这种说法对吗？为什么？

1-6 人坐在橡皮艇里，艇浸入水中一定的深度，到夜晚大气压强不变，温度降低了，问艇浸入水中的深度将怎样变化？

1-7 1mol水占有多大的体积？其中有多少个水分子？假设水分子之间是紧密排列着的，试估计 1cm 长度上排列有多少个水分子？并估计两相邻水分子之间的距离和水分子的直径？

1-8 一年四季大气压强一般差别不大，为什么在冬天空气的密度比较大？

1-9 在一个封闭容器中装有某种理想气体。

(1) 如果保持它的压强和体积不变，问温度能否改变？

(2) 有两个同样大小的封闭容器，装着同一种气体，压强相同，问它们的温度是否一定相同？

1-10 若热力学系统处于非平衡态，温度概念能否适用？

1-11 温度的实质是什么？对于单个分子能否讨论它的温度是多少？

习 题

1-1 定容气体温度计的测温浸泡在水的三相点管内时，其中气体的压强为 50mmHg。

(1) 用温度计测量 300K 的温度时，气体的压强是多少？

(2) 当气体的压强为 68mmHg 时，待测温度是多少？

1-2 用定容气体温度计测量某种物质的沸点。原来测温泡在水的三相点时，其中气体的压强 $P_{\text{tr}}=500$mmHg；当测温泡浸入待测物质中时，测得的压强值 $P=734$mmHg，当从测温泡中抽出一些气体，使 P_{tr} 减为 200mmHg 时，重新测得 $P=293.4$mmHg，当再抽出一些气体使 P_{tr} 减为 100mmHg 时，测得 $P=146.68$mmHg，试确定待测沸点的理想气体温度。

1-3 铂电阻温度计的测量泡浸在水的三相点槽内时，铂电阻的阻值为 90.35Ω。当温度计的测温泡与待测物体接触时，铂电阻的阻值为 90.28Ω。试求待测物体的温度，假设温度与铂电阻的阻值成正比，并规定水的三相点 273.16K。

1-4 水银温度计浸在冰水中时，水银柱的长度为 4.0cm；温度计浸在沸水中时，水银柱的长度为 24.0cm。

(1) 在室温 22.0℃时，水银柱的长度为多少？

(2) 温度计浸在某种沸腾的化学溶液中时，水银柱的长度为 25.4cm，试求溶液的温度。

1-5 设一定容气体温度计是按摄氏温标刻度的，它在冰点和汽化点时，其中气体的压强分别为 0.400atm 和 0.546atm。

(1) 当气体的压强为 0.100atm 时，待测温度是多少？

(2) 当温度计在沸腾的硫中时（硫的沸点为 444.60℃），气体的压强是多少？

1-6 当热电偶的一个触点保持在冰点，另一个触点保持任一摄氏温度 t 时，其热电动势由下式确定：

$$\varepsilon = \alpha t + \beta t^2$$

式中 $\alpha=0.20$mV/℃，$\beta=-5.0\times10^{-4}$mV/℃。

(1) 试计算当 $t=-100$℃、200℃、400℃和 500℃时热电动势 ε 的值，并在此范围内作 $\varepsilon-t$ 图。

(2) 设用 ε 为测温属性，用下列线性方程来定义温标 t^*：

$$t^* = a\varepsilon + b$$

并规定冰点为 $t^*=0$℃，汽化点为 $t^*=100$℃，试求出 a 和 b 的值，并画出 $\varepsilon-t^*$ 图。

(3) 求出与 $t=-100$℃、200℃、400℃和 500℃对应的 t^* 值，并画出 $t-t^*$ 图。

(4) 试比较温标 t 和温标 t^*。

1-7 用 L 表示液体温度计中液柱的长度。定义温标 t^* 与 L 之间的关系为 $t^*=a\ln L+b$。式中的 a、b 为常数，规定冰点为 $t^*=0$℃，汽化点为 $t^*=100$℃。设在冰点时液柱的长度 $L_5=25.0$cm，在汽化点时液柱的长度，试求 $t^*=0$℃到 $t^*=100$℃之间液柱长度差以及 $t^*=90$℃到 $t^*=100$℃之间液柱的长度差。

1-8 一立方容器，每边长 20cm，其中贮有 1.0atm，300K 的气体，当把气体加热到 400K 时，容器每个壁所受到的压力为多大？

1-9 一定质量的气体在压强保持不变的情况下，温度由 0℃升到 100℃时，其体积将改变百分之几？

1-10 一氧气瓶的容积是 32L，其中氧气的压强是 13172.25kPa，规定瓶内氧气压强降到 1013.25kPa 时就得充气，以免混入其他气体而需洗瓶。今有一玻璃室，每天需用 101.325kPa 氧气 400L，问：1 瓶氧气能用几天？

1-11 如图 1-5 所示，水银气压计中混进了一个空气泡，因此它的读数比实际的气压小，当精确的气压计读数 p_0 为 768mmHg 时，它的读数 h_0 只有 748mmHg。此时管内水银面到管顶的距离 l 为 80mm。问当此气压计的读数 h_1 为 734mmHg 时，实际气压应是多少？设空气的温度保持不变。

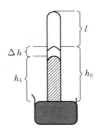

图 1-5　题 1-11 图

1-12　截面为 $1.0cm^2$ 的粗细均匀的 U 形管，其中贮有水银，高度如图 1-6 所示。今将左侧的上端封闭，将其右侧与真空泵相接，问左侧的水银将下降多少？设空气的温度保持不变，压强 75cmHg。

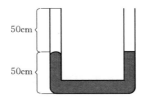

图 1-6　题 1-12 图

1-13　一粗细均匀的 J 形管如图 1-7 所示，其左端是封闭的，右侧和大气相通，已知大气压强为 75cmHg，$h_1 = 20cm$，$h_2 = 200cm$，今从 J 形管右侧灌入水银，问当右侧灌满水银时，左侧水银柱有多高？设温度保持不变，空气可看作理想气体。设图中 J 形管水平部分的容积可以忽略。

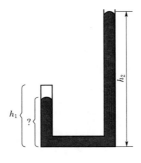

图 1-7　题 1-13 图

1-14　如图 1-8 所示，两个截面相同的连通管，一为开管，一为闭管，原来开管内水银面等高。今打开活塞使水银漏掉一些，因此开管内水银下降 h，问闭管内水银面下降了多少？设原来闭管内水银面上空气柱的高度 k 和大气压强为 P_0 是已知的。

图 1-8 题 1-14 图

1-15 如图 1-9 所示，一端封闭的玻璃管长 $l=70.0$ cm，贮有空气，气体上面有一段长为 $h=20.0$ cm 的水银柱，将气柱封住，水银面与管口对齐，今将玻璃管的开口端用玻璃片盖住，轻轻倒转后再除去玻璃片，因而使一部分水银漏出。当大气压 75.0cmHg 时，留在管内的水银柱有多长？

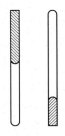

图 1-9 题 1-15 图

1-16 求氧气在压强为 10.0atm，温度为 27℃时的密度。

1-17 容积为 10L 的瓶内贮有氢气，因开关损坏而漏气，在温度为 7.0℃时，气压计的读数为 50atm。过了些时候，温度上升为 17℃，气压计的读数未变，问漏去了多少质量的氢？

1-18 一打气筒，每打一次可将原来压强为 $P_0=1.0$ atm，温度为 $t_0=-3.0$ ℃，体积 $V_0=4.0$ L 的空气压缩到容器内。设容器的容积为 $V=1.5\times10^3$ L，问需要打几次气，才能使容器内的空气达到温度为 $t=45$ ℃，压强为 $P=2.0$ atm？

1-19 一气缸内贮有理想气体，气体的压强、摩尔体积和温度分别为 P_1、v_1 和 T_1，现将气缸加热，使气体的压强和体积同时增大。设在这一过程中，气体的压强 P 和摩尔体积 v 满足下列关系式：

$$P=kv$$

其中 k 为常数。

(1) 求常数 k，将结果用 P_1，T_1 和普适气体常数 R 表示。

(2) 设 $T_1=200$ K，当摩尔体积增大到 $2v_1$ 时，气体的温度是多少？

1-20 一抽气机转速 $\omega=400$ r/min，抽气机每分钟能够抽出气体 20L，设容器的容积 $V=2.0$ L，问经过多长时间后才能使容器的压强由 $P_0=760$ mm Hg 降到 $P_1=1.0$ mmHg。

1-21 按重量计，空气是由 76% 的氮气，23% 的氧气，约 1% 的氩气组成的（其余成分很少，可以忽略），计算空气的平均分子量及在标准状态下的密度。

1-22　把 20℃，1.0atm，500 cm³ 的氮气压入一容积为 200 cm³ 的容器，容器中原来已充满同温同压的氧气。试求混合气体的压强和各种气体的分压强，假定容器中的温度保持不变。

1-23　用排气取气法收集某种气体，如图 1-10 所示，气体在温度为 20℃ 时的饱和蒸汽压为 17.5mmHg，试求此气体在 20℃ 干燥时的体积。

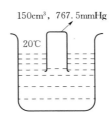

150cm³，767.5mmHg

20℃

图 1-10　题 1-23 图

1-24　1mol 氧气，压强为 1000atm，体积为 0.050L，其温度是多少？

1-25　试计算压强为 100atm，密度为 100g/L 的氧气的温度，已知氧气的范德瓦尔斯常数为 $a=1.360 atm \cdot L^2 \cdot mol^{-2}$，$b=0.03183L \cdot mol^{-1}$。

1-26　用范德瓦尔斯方程计算密闭于容器内质量 $M=1.1kg$ 的二氧化碳的压强。已知容器的容积 $V=20L$，气体的温度 $t=13℃$。试用计算结果与用理想气体状态方程计算结果相比较。已知二氧化碳的范德瓦尔斯常数为 $a=1.360 atm \cdot L^2 \cdot mol^{-2}$，$b=0.03183L \cdot mol^{-1}$。

第二章　热力学第一定律

本章的内容主要是运用宏观观点和方法来研究热现象的基本规律，具体如下：

（1）介绍准静态过程的概念。

（2）引入功、内能和热量三个重要的物理量，并讨论任意热力学过程中系统的内能改变与功和热量之间的关系，从而阐明热力学第一定律。

（3）讨论理想气体的内能，引进热容的概念。

（4）研究热力学第一定律在理想气体准静态过程中的应用。

（5）通过对热机循环过程的理论研究，揭示决定热机效率的基本因素。

第一节　热力学过程

在第二章中我们只讨论了当热力学系统处在平衡态时的某些性质，以及状态参量之间的关系式，现在我们来研究一下热力学系统从一个平衡态到另一个平衡态的转变过程。

为了解热力学系统从一个平衡态到另一个平衡态的转变过程，首先我们有必要了解几个概念，当一个热力学系统的状态随时间变化时，我们就说系统经历了一个**热力学过程**，而在过程进行中的每一个时刻，系统都处于平衡态，我们将这个过程称为**准静态过程**，这种过程在现实生活中是不存在的，这是一个理想的过程。但是在现实中的很多过程可以近似看成是**准静态过程来处理**，原来的平衡态被破坏后需要经过一段时间才能达到新的平衡态，这段时间称为**弛豫时间**。

先举一个非静态过程的例子，设有一个带活塞的器皿，里面贮有气体，气体与外界处于热平衡（外界温度 T_0 保持不变），气体的状态参量用 P_0、T_0 表示。现将活塞迅速上提，发现器皿内气体的体积膨胀，从而破坏了原来的平衡态，当活塞停止运动后，经过足够长的时间，气体将达到新的平衡态，具有各处均匀的压强 P_0 及温度 T_0，但在迅速上提活塞的过程中，一般地说，气体内各处的压强和温度都是不均匀的，即气体在每一时刻都处于非平衡态。对于压强来说，在上提活塞的过程中，靠近活塞处的气体压强显然比远离活塞处的气体压强小，而要使各处的压强趋于平衡，则需要一定的时间。若上提活塞极其迅速，气体就往往来不及使各处的压强趋于均匀一致。还应注意的是，即使在同一系统中，不同物理量趋于平衡所需要的时间也不一样。通常使气体各处压强达到平衡，要比使各处的温度达到平衡来得快，即系统压强的弛豫时间比温度的弛豫时间要短。

再举一个准静态过程的例子，设活塞与器壁间无摩擦，控制外界压强使它在每一时刻都比气体压强大一微小量 ΔV，这样，气体就被缓慢地压缩，如果每压缩一步（气体体积减小一微小量 ΔV），经过的时间比弛豫时间长，那么在压缩过程中系统就几乎随时接近平衡态。

所谓准静态过程就是这种过程无限缓慢进行的理想极限。在过程中每一时刻系统内部的压强都近似等于外界的压强，这种极限情形在实际上虽然不能完全做到，但却可以无限趋近。这里应该注意的是这是没有摩擦阻力的理想条件。在有摩擦阻力时，虽然仍可以使过程进行得无限缓慢从而每一步都处于平衡态，但这时外界作用的压强显然不等于系统内部的平衡态参量压强值。本书中所提到的准静态过程是指无摩擦的准静态过程。

在准静态过程中，由于系统所经历的每一个状态可以当作平衡态处理，即都可以用一组确定的状态参量来描述，所以每个过程原则上都可以用一条平滑的过程曲线来表征。例如，对于一定量的气体来讲，状态的量 P、V、T 中只有两个是独立的，所以给定任意两个参量的数值，就确定了一个平衡态。其中以 P 为纵坐标，V 为横坐标，做 P-V 图，则 P-V 图上任意一点都对应着一个平衡态（非平衡态因没有统一确定的参量，所以不能在图上表示出来），而图中任意一条线都代表着一个准静态过程，图 2-1 中的曲线就表示某一准静态过程，曲线上的每一个点都对应着一个平衡状态。

图 2-1 某一准静态过程

实际过程当然都是在有限的时间内进行的，不可能是无限缓慢的，但是在许多情况下可近似地把实际过程当做准静态过程来处理。以后讨论的各种过程除非特别声明，一般都是指准静态过程。

第二节 功

在力学中学过，外界对物体做功的结果会使物体的状态发生变化，在做功的过程中，外界与物体之间有能量的交换，从而改变了系统的机械能，力学中所研究的是物体间特殊类型的相互作用，物体与外界交换能量的结果，使物体的机械运动状态改变，而功的概念却广泛得多。除机械功外，还有电场功、磁场功等其他类型。在一般情况下，由做功引起的也不只是系统机械运动状态的变化，还可以有热运动状态、电磁状态的变化量等。

在热力学中，准静态过程的功，尤其是当系统体积变化时，压力所做的功具有重要意义，我们来研究封闭在带有活塞的汽缸中的气体，在准静态的膨胀过程中所做的功，如图 2-2 所示。

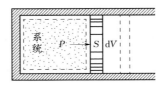

图 2-2 汽缸中气体在准静态膨胀过程做功

设气体的压强为 P，当面积为 S 的活塞缓慢地移动一微小距离 $\mathrm{d}l$ 时，气体的体积也增加了一微小量 $\mathrm{d}V$，按照功的定义，气体对活塞所做的功 $\mathrm{d}A$ 为

$$\mathrm{d}A = PS\mathrm{d}l$$

因为

$$\theta\mathrm{d}V = S\mathrm{d}l$$

所以

$$\mathrm{d}A = P\mathrm{d}V \tag{2-1}$$

式中　p, V——描述气体平衡态的参量；

$\quad\quad\mathrm{d}A$——系统对外界（活塞）所做的功，当 $\mathrm{d}V > 0$，即系统膨胀时，$\mathrm{d}A$ 为正，表示系统对外界做功；当 $\mathrm{d}V < 0$ 时，即系统被压缩时，$\mathrm{d}A$ 为负，表示系统对外界做负功，实际上是外界对系统做功。

在一个有限的准静态过程中，系统的体积由 V_1 变为 V_2 时，系统对外界做功的总功为

$$A = \int_{V_1}^{V_2} P\mathrm{d}V \tag{2-2}$$

这个结果具有普遍性，对于任意系统，只要做功是通过体积变化实现的，而且所进行的是准静态过程，其元功和总功都可以用式（2-1）和式（2-2）表示。

系统在准静态过程中所做的功，可以在图 2-3 $P-V$ 图上表示出来，从图 2-3 可以看出，曲线下画斜线的小矩形面积数值上等于系统对外界所做功的元功 $\mathrm{d}A = P\mathrm{d}V$，而曲线下的总面积，数值上等于系统在这一过程中对外界所做的总功。

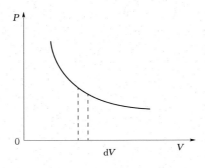

图 2-3　准静态过程做功 $P-V$ 图

这里特别要注意：通过做功的方式可使系统状态发生变化，但功的数值与过程的性质有关，即功不是系统状态的特征，而是过程的特征。

第三节　热　量

第二节讲到做功是热力学系统相互作用的一种方式，外界对系统做功使系统的状态发生变化，热力学系统相互作用的另一种方式是热传递。

温度不同的两个物体 A 和物体 B 互相接触后，热的物体要变冷，冷的物体要变热，最终达到热平衡，具有相同的温度 T，如图 2-4 所示。对于这种现象，人们很早就引入了热量的概念，认为在这个过程中，有热量从高温物体传递给低温物体，这个系统的热运动状态都因为热传递过程而变化，但这里没有做功，做功和传热是系统间相互作用的两种方式，每一种方式都可以使系统的宏观状态发生变化。

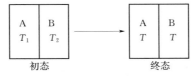

图 2 - 4 热传递

热量的本质是什么？这是历史上长期争论过的问题。在 17 世纪，一些自然哲学家，如培根（Bacon）、玻意尔（Boyle）、胡克（Hooke）和牛顿（Newton）等都认为热是物体微粒的机械运动。然而到 18 世纪，随着化学、计温学和量热学的发展，人们提出了热质说，这种学说认为热是一种看不见、没有重量的物质，叫作热质，热的物体含有较多的热质，反之亦然。热质既不能产生也不能消灭，只能从较热的物体传给较冷的物体，在热传递过程中热质量守恒是物质量守恒的表现。热质说对热传递和混合量热过程给出了令人满意的解释，但是热质说不能圆满地解释摩擦生热的现象，因为它无法说明摩擦过程中热质的来源。

1798 年，伦福德（Rumford）认为热不是一种物质，这么多的热量只能来自钻头克服金属摩擦力所作的机械功，他还用具体的实验数据表明，摩擦所产生的热近似地与钻孔机作的机械功成正比。焦耳（Joule）深信热是物体中大量微粒机械运动的宏观表现，从 1840—1879 年进行了各种实验，在实验中精确地求得了功和热量相互转换的数值关系（热功当量）。

例如：①用重物下落做功；②用电功使水温升高；③使叶片搅拌容器中的水银摩擦生热而升温；④在水银中使两铁环互相摩擦生热；⑤压缩或膨胀空气而做功。

以上所有实验都在误差范围内得到了一致的结果。焦耳的实验以大量确凿的证据否定了热质说。一定热量的产生（消失）总是伴随着等量的其他某种形式能量（如机械能、电能）的消失（或产生）。这说明，并不存在什么单独守恒的热质，其实是热与机械能、电能等合在一起是守恒的。这将导致能量转化和守恒定律的建立。

综上所述，热量不是传递着的热质，热是传递着的能量，做功和传热是使系统能量发生变化的两种不同方式。"做功"是在物体作宏观位移时完成的，它所引起的作用是将物体有规律的运动转化为系统的分子无规则运动。传热是在微观分子的相互作用时来完成的，它所引起的作用是将分子无规则运动自一个物体转移到另一个物体。

第四节 热力学第一定律和态函数内能

一、热力学第一定律

热力学第一定律就是能量转化和守恒定律，19 世纪中叶在长期生产实验和大量科学实验的基础上，它才以科学定律的形式被确立。直到今天，不但没有发现违反这一定律的事实；相反，大量新的实践不断地证明了这一定律的正确性。扩充了它的实践基础，丰富了它所概括的内容。

能量转化和守恒定律是：自然界的一切物质都具有能量，能量有各种不同的形式，能够从一种形式转化为另一种形式，从一个物体传递给另一个物体，在转化和传递的过程中能量的数值不变。

早在能量转化和守恒定律被确立以前，人们在长期的实践中，已逐步形成了共识：物体系在运动和变化的过程中，存在着某种物理量，它在数量上始终守恒。然而能量转化和守恒定律的实质在于，它以定量规律的形式表示了各种物质运动形式转化时的性质，它指出了各种物质运动形式的公共量度。即以机械运动的功为标准，称为能量，它在各种物质运动相互转化过程中总数量守恒。

1840—1879 年，焦耳以大量精确的科学实验结果论证了机械能、电能与热能之间的转化关系。他在各种实验中测定的热功当量数值的一致性，给能量转化和守恒定律奠定了不可动摇的基础，然而应该指出在 18 世纪末和 19 世纪初，许多国家的科学家都对建立这一定律做出了一定的贡献。

如 18 世纪初，纽可门（Newcomen）制作的大规模把热能变为机械能的蒸汽机已在英国铁矿和金属矿使用。18 世纪后半叶，瓦特（Watt）做了重大改进的蒸汽机在英国铁矿业、纺织业广泛采用，对热机效率以及机器中的摩擦问题的研究，大大促进了人们对能量转化规律的认识，与此同时，在其他的领域内，也分别发现了各种运动形式之间的相互联系和转化。如：

1800 年，伏特制成化学电池。

1820 年，奥斯特（Oersted）发现电流的磁效应。

1822 年，塞贝克（Seebeck）发现热电动势并做出电源。

1831 年，法拉第发现电磁感应现象。

1834 年，法拉第（Faraday）发现电解定律。

1840 年，焦耳发现了焦耳定律，归纳了电流热效应方向规律。

1846 年，法拉第又发现了光的偏振旋转现象。

所有这些，都使运动形式间相互联系的辩证关系被充分地揭示出来。德国物理学家，医学博士迈耶（Mayer）于 1842 年列举了 25 种相互转化的形式，由于焦耳的长期工作，建立了大量可信的实验资料，能量转化和守恒定律才最终被牢固地建立起来。

在历史上，资本主义时期，人们在生产斗争中曾经幻想制造一种机器，它不需要任何动力和燃料，却能不断地对外做功，这种机器称为第一种永动机。所以，热力学第一定律的另一种表述为第一种永动机是不可能造成的。

二、态函数内能

在力学中已经知道，外力对系统做功可以改变系统的机械能，因此从力学的观点看来，功是系统机械能变化的量度，焦耳的热功当量实验扩大了人们的认识，通过这些实验，说明了做功还可以改变系统另一种形式的能量内能，这是在热力学中我们将认识的一种新的运动形式的能量。

在焦耳的实验中，系统平衡态的改变（如水的温度改变）都只能靠机械功（搅拌、摩擦、压缩、膨胀）或电功（通电流）来完成的，系统状态改变的过程中，不从外界吸热，也不放热。我们称这种系统为**绝热系统**，这种过程为**绝热过程**。

绝热功与实施绝热过程的途径无关，而由初状态和末状态完全决定。在力学中我们曾证明：重力的功只由物体的起点与终点位置决定而与运动的路径无关。与这种情况类似，由焦耳实验的结果可以看出：任何一系统在平衡态都有一态函数（即平衡态参量的函数），叫做系统的内能，用 U 表示，当系统从平衡态 1 经过一个绝热过程到达平衡态 2 时内能的增加量 $U_2 - U_1$ 为

$$U_2 - U_1 = -A_a \tag{2-3}$$

式中　A_a——系统对外所做的绝热功，右端负号表示，如内能增量为正值，则 A_a 表示为负，即外界对系统做功；

U_1，U_2——由状态参量单值确定。

需要注意的是，内能也有相对性，取决于选什么状态，与合力势能的选择是一样的。

如果我们从微观的角度看，内能中包括：分子无规律热运动动能；分子间的相互作用能；分子、原子内的能量；原子核内的能量等，当有电磁场与系统相互作用时还应包括相互的电磁形式能量。

概括起来说：内能就是由热力学系统内部状态所决定的能量，它是系统状态的单值函数，当系统经过一绝热过程发生状态改变时，内能的增量等于外界对系统所做的功。这个就是从宏观角度对内能的定义。

在一般情况下，系统对外界并没有绝热隔离。如式（2-2）和式（2-3）所示，系统对外界的相互作用可有做功和传热两种方式。设经过某一过程系统从平衡态 1 变到平衡态 2，在这个过程中外界对系统做功为 $-A$，系统自外界吸收热量为 Q，那么根据能量转化和守恒定律，由传热和做功两种方式所提供的能量应转化为系统内能态函数的增量

$$U_2 - U_1 = Q - A \tag{2-4}$$

或

$$Q = U_2 - U_1 + A \tag{2-5}$$

这就是热力学第一定律的数学表达式，它表明：当热力学系统由某一状态经过任意过程达到另一状态时，系统内能的增量等于在这一过程中所吸收热量和外界对系统所做功的总和。或者说：系统在任意过程中所吸收的热量等于系统内能的增量和系统对外界所做的功之和。

这个定律反映了内能、热量和功三者之间的数量关系，它适用于自然界中在平衡态之间发生的任何过程。只要初、终态是平衡态，那么所有过程中的 $Q - A$ 必定是相同的，且都等于前述的绝热功 $-A_a$，这是因为我们已断定内能的变化 $U_2 - U_1$ 只由初态、终状态唯一地确定。即在应用式（2-4）和式（2-5）时，只需要初态和终态是平衡态，至于在过程中所经历的各态并不需要一定是平衡态。

在这里我们需要注意 A 和 Q 及 U 的符号规定：A 表示系统对外界所做的功，当其为负时，则表示外界对系统所做的功；Q 表示系统自外界吸收的热量，当其为负值时，则表示系统向外放出热量；$U_2 - U_1$ 或 ΔU 表示内能的增量，正值表示系统内能增加，负值边式内能减少。

如果系统只经历了一个无限小的状态，则将这过程计算为无限小过程，这时式（2-4）和式（2-5）可变为

$$ đQ = dU + đA \tag{2-6} $$

需要注意的是，由于内能是态函数，所以 dU 代表在无限靠近的初、终两态内能值的微量差，但是热量 Q 与功 A 都与过程有关，不是态函数，所以 $đQ$，$đA$ 不是态函数的微差量，它们只表示在无限小过程中的无限小量，所以我们在 d 上画了一横的符号，用 đ 来表示，以示区别。

第五节　理想气体的内能、热容和焓

为了应用热力学第一定律分析理想气体在各种变化过程中的能量转化关系，我们先来研究理想气体的内能和热容，并引进一个新的态函数——焓。

一、理想气体的内能、焦耳实验

1807 年，盖-吕萨克曾经做过气体自由膨胀实验，所谓"自由"是指气体向真空膨胀时没有受到阻碍作用，实验结果表明膨胀后气体的温度没有降低，1845 年，焦耳更精确地重做了这个实验，得到了同样的结果。

这个结果不仅说明了气体在膨胀前后的温度没有改变，同时还说明气体在膨胀过程中既没有吸热也没有放热，即气体进行的是绝热自由膨胀过程。在此过程中 $A=0$，$Q=0$，由热力学第一定律可知，气体的内能保持不变，即 $U_2 = U_1$。

焦耳的实验结果，提供了有关内能和其他状态参量之间关系的重要判断依据。实验结果表明此过程中温度并没有改变，这就说明气体的内能只与温度有关，与体积无关。

焦耳实验比较粗糙，当时使用的温度计只精确到 0.01℃，而实际气体的内能除与温度有关，还与体积有关，但当压强越小时，气体的内能随体积变化也越小；而 $P \to 0$ 的极限情况下，气体的内能只是温度的函数，所以理想气体的内能只是温度的函数，即

$$ U = U(T) \tag{2-7} $$

这一规律叫焦耳定律。这样内能仅仅是温度的函数这一点，就构成理想气体定义的一个组成部分，所以现在可以更完善地提出理想气体的定义。

严格遵从状态方程 $PV = \nu RT$ 和焦耳定律 $U = U(T)$ 的气体叫作理想气体。

实验表明：实际气体在压强不大时，都近似遵守这两个规律，因而可近似地看作理想气体。

二、理想气体的热容

实验事实表明，不同物体在不同过程中温度升高一摄氏度所吸收的热量一般是不同的，为了表明物体在一定过程中的这种特点，物理学中引入了热容的概念。

在一定过程中，当物体的温度升高一摄氏度时所吸收的热量称为这个物体在该给定过程中的热容量。例如：若过程中物体的体积不变，则得定容热容量；而对于定压过程，则得定压热容量。若在一定过程中，温度升高 ΔT 时，物体从外界吸收热量 ΔQ，则根据上述定义，物体的热容量即为

$$ C' = \lim_{\Delta T \to 0} \frac{\Delta Q}{\Delta T} \tag{2-8} $$

现在根据热力学第一定律讨论热容量和内能等态函数的关系，着重讨论最重要的两种热容量，即定容热容量和定压热容量。

设一热力学系统可用状态参量 P、V、T 来描述，其中两个是独立参量，在定容过程中系统的 V 不变，所以外界对系统所做的功为零，由式（2-6）有：$(\Delta Q)_V = \Delta U$，代入式（2-8）中，即得定容热容量 C_V' 与内能的关系为

$$C_V' = \lim_{\Delta T \to 0} \frac{(\Delta U)_V}{\Delta T} = \lim_{\Delta T \to 0} \left(\frac{\Delta U}{\Delta T}\right)_V = \left(\frac{\partial U}{\partial T}\right)_V$$

即

$$C_V' = \left(\frac{\partial U}{\partial T}\right)_V \qquad (2-9)$$

其中内能态函数 U 是 T、V 两个变量的函数，而 $\left(\dfrac{\partial U}{\partial T}\right)_V$ 表示把 V 看作恒量时求 U 对 T 的微商，这叫做微商。一般地说，C_V' 仍是 T、V 的函数。

对于定压过程，外界对系统所做的功为：$A = P(V_2 - V_1)$，由热力学第一定律 $U_2 - U_1 = Q - A(Q = U_2 - U_1 + A)$ 可得在定压过程中，系统从外界所吸收的热量 Q_P 为

$$Q_P = U_2 - U_1 + P(V_2 - V_1) = (U_2 + PV_2) - (U_1 + PV_1)$$

引入

$$H = U + PV \qquad (2-10)$$

H 显然也是一个态函数，称它为焓，于是式（2-10）可写作

$$Q_P = H_2 - H_1 \qquad (2-11)$$

对于微小过程则有：$(\Delta Q)_P = \Delta H$，这就是说：在定压过程中，系统所吸收的热量等于系统态函数焓的增量，这是态函数焓最重要的特性。由式（2-11）可得物体的定压热容量 C_P' 为

$$C_P' = \lim_{\Delta T \to 0} \left(\frac{\Delta Q}{\Delta P}\right)_P = \lim_{\Delta T \to 0} \left(\frac{\Delta H}{\Delta T}\right)_P = \left(\frac{\partial H}{\partial T}\right)_P \qquad (2-12)$$

式（2-12）把定压热容量 C_P' 与态函数焓联系起来，应该注意：一般来说，C_P' 也是两个独立参量（T，P）的函数。以上讨论热容量与态函数之间关系所用的方法，对讨论其他过程的热容量也同样适用。例如：可以讨论表面系统在恒定表面张力或恒定表面下的热容量等。

上面引入的态函数焓在化学和热力工程问题，以及对低温制冷上的应用都很有用。对于一些在实际问题中很重要的物质，在不同温度和压强下的焓值数据已制成图表可供查阅，当然所给出的焓值是指与参考状态焓值的差。例如对于水蒸气焓值，图表时常取 0℃ 时饱和水的焓值为零。

【例 2-1】　在 1atm，100℃ 时，水与饱和水蒸气的单位质量焓值分别为 $419.06 \times 10^3 J \cdot kg^{-1}$ 和 $2676.3 \times 10^3 J \cdot kg^{-1}$，试求在这种条件下水的汽化热。

【解】　前面已证明，在等压过程中系统所吸收的热量等于态函数焓的增量，所以在 100℃，1atm 下水在汽化为水蒸气过程中所吸收的热量为

$$Q_P = 水蒸气的焓 - 水的焓$$
$$= 2676.3 \times 10^3 J \cdot kg^{-1} - 419.06 \times 10^3 J \cdot kg^{-1}$$

$$\approx 2257.2 \times 10^3 J \cdot kg^{-1}$$

【例 2－2】 设已知下列气体在 $P \to 0$，$t = 25℃$ 时的焓值

氢气：$\qquad\qquad h_{H_2} = 8.468 \times 10^3 J \cdot mol^{-1}$

氧气：$\qquad\qquad h_{O_2} = 8.661 \times 10^3 J \cdot mol^{-1}$

水蒸气：$\qquad\qquad h_{H_2O} = -2.2903 \times 10^5 J \cdot mol^{-1}$

符号 h 表示每摩尔物质的焓值，上列各种气体的焓值参考态是同一参考态，试求在定压下下面化学反应的反应热。

$$H_2 + \frac{1}{2}O_2 \longrightarrow H_2O$$

【解】 题中所给焓值是气体压强趋于零时的极限值，即理想气体的焓值，因此本题假设这些气体可看作理想气体，在定压过程中进行上述化学反应后，求系统所吸收的热量。

由 $Q_P = H_2 - H_1$ 得：

$$Q_P = h_{H_2O} - \left(h_{H_2} + \frac{1}{2}h_{O_2} \right) = -2.4183 \times 10^5 J \cdot mol^{-1}$$

负号表示当氢气与氧化合为水蒸气时要放热。

由于理想气体的内能只是温度的函数，所以对理想气体：$C_V' = \left(\dfrac{\partial U}{\partial T} \right)_T$ 可化为

$$C_V' = \frac{dU}{dT} \qquad\qquad (2-13)$$

因此有：$dU = C_V' dT$ 积分即得

$$U = U_0 + \int_{T_0}^{T} C_V' dT \qquad\qquad (2-14)$$

其中 U_0 表示 $T = T_0$ 时的内能，作为计算内能值的参考状态 T_0 可任意选取，若由实验测出热容量 C_V'，则由式（2-14）即可确定出理想气体的内能，一般说来，C_V' 是温度的函数，如果实际问题所得到的温度范围不大，则可近似地把 C_V' 作为常数处理。若用 C_V 表示定容摩尔热容量，则：

$$C_V' = \nu C_V$$

于是式（2-14）又可以写作

$$U = U_0 + \nu \int_{T_0}^{T} C_V dT \qquad\qquad (2-15)$$

根据理想气体的定义，理想气体的焓 $H = U + PV$ 也是温度的函数，与压强无关，因此，理想气体定压热容的公式 $C_P' = \left(\dfrac{\partial H}{\partial T} \right)_P$ 可化为

$$C_P' = \frac{dH}{dT} \qquad\qquad (2-16)$$

而理想气体焓的表达式则有

$$H = H_0 + \int_{T_0}^{T} C_P' dT \qquad\qquad (2-17)$$

或写作：

$$H = H_0 + \nu \int_{T_0}^{T} C_P \mathrm{d}T \qquad (2-18)$$

其中 $C_P' = \nu C_p$，一般来说，C_P 是温度的函数，现在求理想气体定压热容量与定容热容量的差：$C_P' - C_V'$。根据焓的定义和理想气体的定义有

$$H = U + pV = U + \nu RT$$

两边对温度求微商可得：

$$\frac{\mathrm{d}H}{\mathrm{d}T} = \frac{\mathrm{d}U}{\mathrm{d}T} + \nu R$$

利用 $C_V' = \dfrac{\mathrm{d}U}{\mathrm{d}T}$ 和 $C_P' = \dfrac{\mathrm{d}H}{\mathrm{d}T}$ 即得

$$C_P' - C_V' = \nu R \qquad (2-19)$$

对于摩尔热容量则有

$$C_P - C_V = R \qquad (2-20)$$

式（2-20）表示：理想气体的定压摩尔热容量等于定容摩尔热容量与普适气体常数 R 之和。这一结论是不难理解的。在 $U = U_0 + \nu \int_{T_0}^{T} C_V \mathrm{d}T$ 中，$C_V \mathrm{d}T$ 表示每摩尔理想气体在任何过程中温度改变 $\mathrm{d}T$ 时内能的改变 $\mathrm{d}U$。在定压过程中，因压强不变，所以当温度升高（或降低）时按状态方程其体积必然膨胀（或压缩），所以气体必然对外做正功（或负功），这样在定压过程中，气体除内能改变外，同时又对外做功，那么根据热力学第一定律可知，气体吸收的热量必然等于两者之和，而将 $C_P - C_U = R$ 乘以 $\mathrm{d}T$ 并积分，即得：

$$\int_{T_1}^{T_2} C_P \mathrm{d}T = \int_{T_1}^{T_2} C_V \mathrm{d}T + R \int_{T_1}^{T_2} \mathrm{d}T = \mu_2 - \mu_1 + P \int_{V_1}^{V_2} \mathrm{d}V \qquad (2-21)$$

所以，$C_V \mathrm{d}T = \mathrm{d}\mu$，$R\mathrm{d}T = P\mathrm{d}V$

这就定量表达了上述关系［式（2-21）中 μ 表示每摩尔气体的内能］，迈尔在1842年正是根据式（2-20），即 $C_P - C_V = R$ 式，用当时的比热数据算出了热功当量的，他得到的数据是 $1\mathrm{cal} = 3.58\mathrm{J}$。

第六节　热力学第一定律对理想气体的运用

作为热力学第一定律的应用，我们来分析一下理想气体在一些简单过程中的能量转化情况。

一、等容过程

等容过程就是系统的体积始终保持不变的过程，每一等容过程在 P-V 图上对应一条与 P 轴平行的线段，如图2-5所示。在等容过程中，由于外界对系统所做的功为零，所以，根据热力学第一定律有：$Q = U_2 - U_1$。

设初、终两态的温度分别为 T_1、T_2，并设定容摩尔热容量 C_V 为常数，则由：

$$U = U_0 + \int_{T_0}^{T} C_V \mathrm{d}T$$

可得：

$$Q = U_2 - U_1 = \nu C_V (T_2 - T_1) \qquad (2-22)$$

图 2-5 等容过程 P-V 图

二、等压过程

等压过程就是系统的压强始终保持不变的过程，等压过程 P-V 图如图 2-6 所示，每一等压过程在图 2-6 上对应一条与 V 轴平行的线段，在等压过程中，外界对系统所作的功为

图 2-6 等压过程 P-V 图

$$A = \int_{V_1}^{V_2} P \mathrm{d}V = P(V_2 - V_1) \tag{2-23}$$

设以 C_P 表示气体的定压摩尔热容量，则根据定压热容量的定义，当 C_P 为常数时，气体在等压过程中从外界吸收的热量为：

$$(\mathrm{d}Q)_P = \nu C_P \mathrm{d}T$$
$$Q = \nu C_P (T_2 - T_1) \tag{2-24}$$

T_1、T_2 分别表示初、终两态的温度，由 $U = U_0 + \nu \int_{T_0}^{T} C_P \mathrm{d}T$ 可得

$$U - U_0 = \nu C_P (T_2 - T_1) \tag{2-25}$$

式（2-25）表明，理想气体在等压过程中内能的增量与定容过程中内能的增量完全相同，但这并不是巧合，而是理想气体的内能仅仅是温度的函数这一性质的必然结果。实际上，根据态函数的性质，对于任意过程，理想气体的内能增量满足式（2-22），将热力学第一定律在等压过程中的具体形式改写为

$$Q = \Delta U - A$$
$$= \nu C_V (T_2 - T_1) + P(V_2 - V_1)$$

可以看出，在等压膨胀过程中，理想气体所吸收的热量一部分用于增加气体的内能，另一部分用于气体对外做功，这正是定压摩尔热容量大于定容摩尔热容量的原因。

三、等温过程

如果在每个过程中，系统的温度始终保持不变，则称为等温过程。根据理想气体的定

义可知，内能是温度的函数，外界对系统做功，必然引起系统内能的增加。为此，系统还须源源不断地对外界放热以保证系统的温度不变。并且，理想气体满足 $PV=\nu RT$，对于等温过程来说：

$$PV=恒量 \tag{2-26}$$

所以每一条等温过程在 P-V 图上对应一条双曲线，称为等温线，如图 2-7 所示。

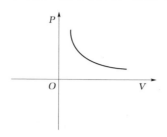

图 2-7　等温过程 p-V 图

根据热力学第一定律，$Q=A$ 这个说明，在等温压缩理想气体时，外界对系统所做的功全部转化为气体对外界放出的热量，而且等温膨胀时，它由外界吸收的热量全部转化为对外所做的功。

在等温过程中，外界对系统所做功为

$$A=-\int_{V_1}^{V_2}PdV=-\nu RT\int_{V_1}^{V_2}\frac{1}{V}dV=\nu RT\ln\frac{V_1}{V_2} \tag{2-27}$$

式中　T——等温过程中系统的温度；

V_2，V_1——终态和初态的体积，当 $V_2>V_1$（等温膨胀）时，$A>0$，即系统对外界做正功；反之，$A<0$，系统对外界做负功。

四、绝热过程

如果系统在整个过程中始终不和外界交换热量，则把这种过程称为绝热过程。在绝热过程中，因 $Q=0$，所以

$$U_2-U_1=-A$$

即系统内部的改变仅仅是由于外界与系统之间做功引起的。若系统被压缩，外界对系统做功。式中 A 为负值，则 $U_2-U_1>0$，即内能增加；若系统膨胀则内能减少。

因为　　　　$U_2-U_1=\nu C_V(T_2-T_1)$　　　（这个方程对任何过程都适用）

所以　　　　　　　　$A=U_1-U_2=\nu C_V(T_1-T_2)$

现在研究在准静态绝热过程中，理想气体状态参量的变化关系对于一微小的绝热过程来说，有

$$-PdV=\nu C_V dT$$

式中，P、V、T 三个参量不是独立的，它们同时要满足 $PV=\nu RT$，将状态方程微分可得

$$PdV+VdP=\nu RdT$$

上式消去 dT 得

$$(C_V+R)PdV=-C_V VdP$$

所以
$$C_V + R = C_P$$

$$C_P P \mathrm{d}V = -C_V V \mathrm{d}P$$

$$\frac{\mathrm{d}P}{P} = \frac{C_P}{C_V}\frac{\mathrm{d}V}{V}$$

令
$$\frac{C_P}{C_V} = \gamma$$

则得
$$\frac{\mathrm{d}P}{P} = -\gamma\frac{\mathrm{d}V}{V}$$

$$\frac{\mathrm{d}P}{P} + \gamma\frac{\mathrm{d}V}{V} = 0$$

这就是理想气体准静态绝热过程所满足的微分方程式。在实际中 γ 可视为常数。这时将上式积分得

$$\ln P + \nu\ln V = 常数$$

或

$$PV^\gamma = 常数 \qquad\qquad (2-28)$$

这就是理想气体在准静态绝热过程中（且当 γ 为常数时）压强和体积变化的关系式，称为泊松公式。根据此式，可以在 $P-V$ 图上画出理想气体绝热过程所对应的曲线，称为绝热线。和等温过程相比，因为：$\gamma = \frac{C_P}{C_V} > 1$，所以绝热线比等温线陡些。利用式（2-28）和理想气体状态方程可以求得绝热过程与 T 以及 P、V 之间的关系

$$TV^{\gamma-1} = 常数 \qquad\qquad (2-29)$$

$$\frac{P^{\gamma-1}}{T^\gamma} = 常数 \qquad\qquad (2-30)$$

这三式称为绝热过程方程（注意三式中的恒量各不相同）。有了绝热过程方程，我们还可以用准静态过程中功的计算公式直接求出绝热过程中系统对外界所做功，因为

$$P_1 V_1^\gamma = P_2 V_2^\gamma = PV^\gamma = 常数$$

式中 $P_1 V_1$、$P_2 V_2$——初、终态的压强和体积。

所以
$$A = \int_{V_1}^{V_2} P\mathrm{d}V = \int_{V_1}^{V_2} P_1 V_1^\gamma \frac{1}{V^\gamma}\mathrm{d}V$$

$$= P_1 V_1^\gamma \int_{V_1}^{V_2} \frac{1}{V^\gamma}\mathrm{d}V = P_1 V_1^\gamma \left(\frac{V_2^{1-\gamma}}{1-\gamma} - \frac{V_1^{1-\gamma}}{1-\gamma}\right)$$

$$= \frac{P_1 V_1}{\gamma-1}\left[1 - \left(\frac{V_1}{V_2}\right)^{\gamma-1}\right]$$

利用绝热过程 $PV^\gamma = 常数$，此式又可写成

$$A = \frac{1}{\gamma-1}(P_1 V_1 - P_2 V_2) \qquad\qquad (2-31)$$

利用理想气体状态方程，并注意到：$\gamma = \frac{C_P}{C_V}$，$C_P - C_V = R$

式（2-31）又可写成

$$A = \nu C_V (T_1 - T_2)$$

五、多方过程

在气体中进行的实际过程中，常常既不是等温又不是绝热的，而是介于两者之间，或各种各样的。如果理想气体的状态参量 P、V 在变化过程中满足以下关系

$$PV^n = 常量 \tag{2-32}$$

式中 n——常数（称为多方指数）。

此过程称为多方过程。不难看出，前面讨论过的几个过程都是多方过程的特例。当 $n = \gamma$ 时称为绝热过程；当 $n = 1$ 时称为等温过程；当 $n = 0$ 时称为等压过程；当 $n = \infty$ 时，由 $P^{\frac{1}{n}}V = 常量$，此式为等容过程。气体在多方过程中所做的功完全可用推导式（2-32）的方法求得：

$$A = \frac{1}{n-1}(P_1V_1 - P_2V_2) \tag{2-33}$$

下面我们来计算理想气体在多方过程中的摩尔热容量，如以 C 表示多方过程中的摩尔热容量，则由摩尔热容量的定义可知，当系统温度变化为 $\mathrm{d}T$ 时，系统从外界吸收的热容为 $\gamma c \mathrm{d}T$，根据热力学第一定律和理想气体的内能公式，可得：

$$\mathrm{d}Q = \mathrm{d}U + \mathrm{d}A, \quad \mathrm{d}U = \nu C_V \mathrm{d}T$$

$$\nu C_V \mathrm{d}T = \nu C \mathrm{d}T + P \mathrm{d}V \tag{2-34}$$

将理想气体状态方程式微分，可得

$$P \mathrm{d}V + V \mathrm{d}P = \nu R \mathrm{d}T \tag{2-35}$$

因为 $PV^n = 常数$ 中 n 为一常数，所以将式（2-33）两边取对数微分可得

$$\frac{\mathrm{d}P}{P} = n\frac{\mathrm{d}V}{V} = 0 \tag{2-36}$$

式（2-34）～式（2-36）可消去 $\mathrm{d}P$，$\mathrm{d}T$ 和 $\mathrm{d}V$，从而得到

$$C = \frac{(n-1)C_V - R}{n-1} \quad 或 \quad C = C_V - \frac{C_P - C_V}{n-1} = C_V\left(\frac{n-\nu}{n-1}\right)$$

当 n 取不同值时，C 的值也不相同，表明在不同的过程中气体的摩尔热容量不相等。

第七节　循环过程和卡诺循环

一、循环过程及其效率

一般热机（如蒸汽机、内燃机等）的工作原理有共同之处。我们先来简单地介绍一下蒸汽机的工作原理，如图 2-8 所示。水泵 B 可将水池 A 中的水打入加热器即锅炉 C 中，水在锅炉中加热，变成温度和压强较高的蒸汽，这个过程是一个吸热使内能增加的过程。蒸汽通过传输进入汽缸 D，并在汽缸中膨胀，推动活塞对外做功，同时汽缸的内能减少，这一过程中内能通过做功转化为机械能。最后，蒸汽经过冷却放热而凝结成水，再经过水泵 F 将水打入水池。这些过程循环不息地进行。

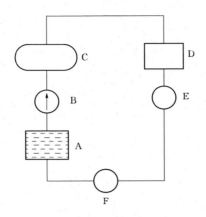

图 2-8　蒸汽机的工作原理

从能量转化的角度来看，其结果就是工作物质（蒸汽）在高温热源（加热器 C）处吸热以增加内能，然后部分内能通过做功转化为机械能，另一部分在低温热源（冷却器 E）处由外界吸收。经过这一系列过程，工作物质又回到了原来状态。

为了从能量转化的角度研究各种热机的性能，我们引入循环过程及其效率的概念，也就是说，如果某一系统由某一状态出发，经过任意的一系列过程，最后又回到原来状态，这样的过程称为循环过程。

如果循环过程是顺时针的，称为正循环，反之称为逆循环。正循环过程如图 2-9 所示，由于工作物的内能是状态的单位函数，所以经历一个循环回到初始状态时，内能没有改变，这是循环过程的重要特征。

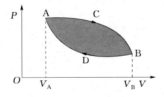

图 2-9　正循环过程

根据热力学第一定律，$Q=(U_2-U_1)+A$，既然每经历一个循环，内能没有改变，可见对每一个循环过程有

$$Q=A$$

设在各个循环过程中系统从外界吸收的总热量为 Q_1，放出的热量总和为 Q_2，且由热力学第一定律知，$Q_1>Q_2$，且 Q_1-Q_2 等于外界所做的功 A，由此可见，系统经历这一循环过程，则将从某些高温热源吸收的热量，部分用来对外做功，部分在某些低温热源处放出，而系统回到原来状态。

热机效能的重要标志之一就是它的效率及吸收来的热量有多少转化为有用的功，采用上述的符号，效率的定义为

$$\eta=\frac{A}{Q_1}=\frac{Q_1-Q_2}{Q_1}=1-\frac{Q_2}{Q_1} \tag{2-37}$$

不同的热机其循环的过程不同，因而效率也不同。逆循环过程反映了制冷机的工作过程。

$$\varepsilon = \frac{Q_2}{A}$$

式中　Q_2——吸收热量；

　　　A——对系统做功。

二、卡诺循环及其效率

假设工作物质只与两个恒温热源（恒定温度的高温热源和恒定温度的低温热源）交换能量，没有散热、漏气等因素的存在，这种热机称为卡诺热机，其循环过程称为卡诺循环。

（1）由状态 1 到状态 2 的过程是等温膨胀，在这过程中，由高温热源吸热为

$$Q_1 = \nu R T_1 \ln \frac{V_2}{V_1}$$

（2）由状态 2 到状态 3，工作物质与高温热源合并，经过绝热膨胀温度降到 T_2，在这一过程中，没有与外界交换热量，但对外界做功。

（3）由状态 3 到状态 4，气体和低温热源接触，并经过一等温压缩过程，在这一过程中，外界对气体做功，气体向低温热放热的数值为

$$-Q_2 = \nu R T_2 \ln \frac{V_4}{V_3} \quad \text{或} \quad Q_2 = \nu R T_2 \ln \frac{V_3}{V_4}$$

（4）由状态 3 到状态 4，气体与低温热源分开，经过一绝热压缩过程回到原来状态，完成一循环过程。由以上的分析可知，在整个循环过程中，气体总是吸热为 Q_1，放热为 Q_2，内能不变，因此根据热力学第一定律，总的对外所做的功为

$$A = Q_1 - Q_2$$
$$= \nu R T_1 \ln \frac{V_2}{V_1} - \nu R T_2 \ln \frac{V_4}{V_3}$$

其效率为

$$\eta = \frac{A}{Q_1} = \frac{T_1 \ln \dfrac{V_2}{V_1} - T_2 \ln \dfrac{V_3}{V_4}}{T_1 \ln \dfrac{V_2}{V_1}}$$

又因为根据绝热过程方程有

$$T_1 V_2^{\nu-1} = T_2 V_3^{\nu-1}$$
$$T_1 V_1^{\nu-1} = T_2 V_4^{\nu-1}$$

于是

$$\left(\frac{V_2}{V_1}\right)^{\nu-1} = \left(\frac{V_3}{V_4}\right)^{\nu-1}$$

或

$$\frac{V_2}{V_1} = \frac{V_3}{V_4}, \ln \frac{V_2}{V_1} = \ln \frac{V_3}{V_4}$$

即

$$\eta = \frac{T_1 - T_2}{T_1} = 1 - \frac{T_2}{T_1} \qquad (2-38)$$

由此可见，理想气体准静态过程的卡诺循环效率只由高温热源和低温热源的温度决定。

阅 读 资 料

培根（1561—1626），英国唯物主义哲学家、思想家和科学家，被马克思称为"英国唯物主义和整个现代实验科学的真正始祖"。生于贵族家庭，是掌玺大臣和大法官（王国最高法律官职）古拉斯·培根爵士的幼子。后于1618年也成了大法官。晚年脱离政治活动，专门从事科学和哲学研究。

培根（Francis Bacon）

培根提出唯物主义经验论的基本原则，认为感觉是认识的开端，它是完全可靠的，是一切知识的源泉。他重视科学实验在认识中的作用，认为必须借助于实验，才能弥补感官的不足，深入揭露自然的奥秘。同时也重视归纳法，强调它的作用和意义，认为它是唯一正确的方法，但它否定了演绎法的作用是片面的。培根是近代自然科学的鸣锣开道者，最早表达了近代科学观，阐述了科学的目的、性质，发展科学的正确途径，首次总结出科学实验的经验方法——归纳法，对近代科学发展起到指导作用。培根是除旧立新的思想革新者，他对经验哲学的科学观和传统逻辑思维方式的批判为自然科学的发展扫清了道路。

胡克（1635—1703），胡克是17世纪英国最杰出的科学家之一。他在力学、光学、天文学等多方面都有重大成就。他所设计和发明的科学仪器在当时是无与伦比的。他本人被誉为英国的"双眼和双手"。在光学方面，胡克是光的波动说的支持者。1655年，胡克提出了光的波动说，他认为光的传播与水波的传播相似。1672年胡克进一步提出了光波是横波的概念。在光学研究中，胡克更主要的工作是进行了大量的光学实验，特别是致力于光学仪器的创制。他制作或发明了显微镜、望远镜等多种光学仪器。

胡克在力学方面的贡献尤为卓著。他创立了弹性体变形与力成正比的定律，即胡克定律。他还同惠更斯各自独立发现了螺旋弹簧振动周期的等时性等。他曾协助玻意尔发现了玻意尔定律。他曾为研究开普勒学说作出了重大成绩。胡克在天文学、生物学等方面也有贡献。他曾用自己制造的望远镜观测了火星的运动。1663年英国科学家罗伯特胡克有一个非常了不起的发现，他用自制的复合显微镜观察一块软木薄片的结构，发现它们看上去像一间间长方形的小房间，就把它命名为细胞。

胡克（R. Hooke）

伦福德（原名 B. Thompson，1753—1814），英籍物理学家。1753 年 3 月 26 日生于美国马萨诸塞州，1776 年移居英国，入英国国籍。伦福德主要从事热学、光学、热辐射方面的研究。在 1731—1778 年研究火药性能时开始潜心研究热现象。1785 年他试图用实验来发现热质的重量，当他确认无法做到时，便开始反对热质说。

伦福德（C. Rumford）

伦福德在慕尼黑指导军工生产时惊奇地发现，用钻头加工炮筒时，炮筒在短时间内就会变得非常热。为了弄清热的来源，1796—1797 年他做了一系列的炮筒钻孔实验。他精心设计了一套仪器，以保证在绝热条件下进行钻孔实验。发现只要钻孔不停，就会不断地产生出热，好像物体里含有的热是取之不尽的。有人认为这是由于铜屑比铜炮身比热大，铜屑脱落时把"热质"给了炮身。伦福德又认真测定了比热，证明钻孔前后金属与碎屑比热没有改变。1798 年 1 月 25 日他发表了题为《论摩擦激起的热源》的论文，指出：摩擦产生的热是无穷尽的，与外部绝热的物体不可能无穷尽地提供热物质。热不可能是一种物质，只能认为热是一种运动。伦福德否定了热质说，确立了热的运动学说。1779 年被选为伦敦皇家学会会员，1790 年被封为伯爵。

焦耳（1818—1889），英国物理学家，出生于曼彻斯特近郊的沙弗特（Salford）。焦耳自幼跟随父亲参加酿酒劳动，没有受过正规的教育。青年时期，在别人的介绍下，焦耳认识了著名的化学家道尔顿。道尔顿给予了焦耳热情的教导，教给了他数学、哲学和化学方面的知识，这些知识为焦耳后来的研究奠定了理论基础。而且道尔顿教会了焦耳理论与实践相结合的科研方法，激发了焦耳对化学和物理的兴趣，并在道尔顿的鼓励下决心从事科学研究工作。由于他在热学、热力学和电方面的贡献，皇家学会授予他最高荣誉的科普利奖章。后人为了纪念他，把能量或功的单位命名为"焦耳"，简称"焦"；并用焦耳姓氏的第一个字母"J"来标记热量以及"功"的物理量。1889 年 10 月 11 日，焦耳在塞尔的家中逝世，被埋葬在该市的布鲁克兰公墓。在他的墓碑上刻有数字"772.55"，这是他在1878 年的关键测量中得到的热功当量值。

焦耳（Joule）

卡诺（1796—1832），法国青年工程师、热力学的创始人之一。兼有理论科学才能与实验科学才能，是第一个把热和动力联系起来的人，是热力学真正的理论基础建立者。他出色地、创造性地用"理想实验"的思维方法，提出了最简单，但有重要理论意义的热机循环——卡诺循环，并假定该循环在准静态条件下是可逆的，与工质无关，创造了一部理想的热机（卡诺热机）。1832 年 6 月，卡诺患了猩红热，不久后转为脑炎，后来他又染上

卡诺（Carnot）

了流行性霍乱，于同年 8 月 24 日去世，年仅 36 岁，按照当时的防疫条例，霍乱病者的遗物应一律付之一炬。卡诺生前所写的大量手稿被烧毁，幸得他的弟弟将他的小部分手稿保留了下来。这小部分手稿中有一篇是仅有 21 页纸的论文——《关于适合于表示水蒸气的动力的公式的研究》；其余内容是卡诺在 1824—1826 年间写下的 23 篇论文，它们的论题主要集中在以下三个方面：①关于绝热过程的研究；②关于用摩擦产生热源；③关于抛弃"热质"学说。卡诺这些遗作直到 1878 年才由他的弟弟整理发表出来。

纽可门（1663—1729），英国工程师，蒸汽机发明人之一。从 1680 年，与工匠考利合伙做采矿工具的生意，由于经常出入矿山，非常熟悉矿井的排水难题，同时发现塞维里蒸汽泵在技术上还很不完善，便决心对蒸汽机进行革新。纽可门通过不断地探索，综合了前人的技术成就，吸收了塞维里蒸汽泵快速冷凝的优点，吸收了巴本蒸汽泵中活塞装置的长处，设计制成了气压式蒸汽机。1765 年，瓦特在纽可门热机的基础上，对蒸汽机作出了重大的改进，成为了人们所熟知的蒸汽机。

瓦特（1736—1819），英国皇家学会院士，爱丁堡皇家学会院士，是苏格兰著名的发明家和机械工程师，他开辟了人类利用能源的新时代，工业革命时的重要人物。1776 年制造出第一台有实用价值的蒸汽机，以后又经过一系列重大改进，提高了蒸汽机的热效率和运行可靠性，对当时社会生产力的发展作出了杰出贡献。他改良了蒸汽机、发明了气压表、汽动锤。他发展出马力的概念以及用他名字命名的功的国际标准单位——瓦特，后者是国际单位制中功率和辐射通量的计量单位，常用符号"W"表示。

瓦特（Watt）

迈耶（1814—1878），德国物理学家。1814 年 11 月 25 日生于符腾堡的海尔布隆。曾就学于蒂宾根大学医学系，1838 年获医学博士学位，毕业后在巴黎行医。1841 年从行医开始转而研究物理学，于 1842 年发表了《论无机性质的力》的论文，他从"无不生有，有不变无"和"原因等于结果"的观念出发，表述了物理、化学过程中各种力（能）的转化和守恒的思想。迈耶是历史上第一个提出能量守恒定律并计算出热功当量的人。1845 年迈耶出版了《论有机体的运动与物质代谢关系》的论文，进一步地发展了他的学说。1848 年迈耶出版了《通俗天体力学》一书，将他的热功理论运用到宇宙。1851 年迈耶出版了《论热的机械当量》一书，详细地总结了他的工作。迈耶从一般哲学方面即自然力的相互联系方面提出能量守恒的概念，1843 年焦耳从实验方面测定了热功当量值，而亥姆霍兹则是从物理理论方面论证了能量转换的规律性。所以，提出能量守恒定律的荣誉通常归之于亥姆霍兹、迈耶和焦耳三人。

迈耶（J. R. Mayer）

思　考　题

2-1　分析下列两种说法是否正确？

（1）物体的温度越高，则热量越多。

（2）物体的温度越高，则内能越大。

2-2　小球作非弹性碰撞时会产生热，作弹性碰撞时则不会产生热。气体分子碰撞是弹性的，为什么气体会有热能？

2-3　理想气体的内能是状态的单值函数，对理想气体内能的意义作下面的几种理解是否正确？

（1）气体处在一定的状态，就具有一定的内能。

（2）对应于某一状态的内能是可以直接测定的。

（3）对应于某一状态，内能只具有一个数值，不可能有两个或两个以上的值。

（4）当理想气体的状态改变时，内能一定跟着改变。

2-4　系统由某一初状态开始，进行不同的过程，问在下列两种情况中，各过程所引起的内能变化是否相同？

（1）各过程所做的功相同。

（2）各过程所做的功相同，并且与外界交换的热量也相同。

2-5　根据热力学第一定律对微小变化的数学表达式

$$dQ = dE + dA$$

试就我们讨论过的简单过程分别说明：

（1）系统在哪些变化过程中 dQ 为正？在哪些过程中 dQ 为负？

（2）在哪些过程中 dE 为正？在哪些过程中 dE 为负？

（3）能否三者同时为正？能否同时为负？

2-6　摩尔数相同的三种理想气体：氧、氮和二氧化碳，在相同的初状态进行等容吸热过程，如果吸热相同，问温度升高是否相同？压强增加是否相同？

　2-7　两个一样的汽缸，在相同的温度下作等温膨胀，其中一个膨胀到体积增加为原来体积的两倍时停止；另一个则膨胀到压强降为原来压强的一半时停止。问它们对外所做的功是否相同？

　2-8　有摩尔系数相同但分子自由度数不同的两种理想气体，从相同的体积以及在相同的温度下作等温膨胀，且膨胀的体积相同。问对外做功是否相同？向外吸热是否相同？

　2-9　理想气体的 $C_P > C_V$ 物理意义怎样？等压过程中内能变化能否用 $dE = (m/M)C_P dT$ 来计算？

　2-10　为什么气体的比热容数值可以有无穷多个？什么情况下气体的比热容为零？什么情况下气体的比热容为无穷大？什么情况下是正？什么情况下是负？

　2-11　气体由一定的初状态绝热压缩至一定体积，一次缓缓地压缩，另一次很快地压缩，如果其他条件都相同，问温度变化是否相同？

　2-12　气体内能从 E_1 变到 E_2，对于不同的过程（例如等压、等容、绝热等三种过程），温度变化是否相同？吸热是否相同？

　2-13　两条等温线能否相交？能否相切？

习　　题

　2-1　0.020kg 的氦气温度由 17℃升为 27℃，若在升温过程中：

（1）体积保持不变。

（2）压强保持不变。

（3）不与外界交换热量。

试分别求出气体内能的改变，吸收的热量，外界对气体所做的功，设氦气可看作理想气体，且 $C_{V,m} = \frac{3}{2}R$。

　2-2　分别通过下列过程把标准状态下的 0.014kg 氮气压缩为原体积的一半：

（1）等温过程。

（2）绝热过程。

（3）等压过程。

试分别求出在这些过程中气体内能的改变，传递的热量和外界对气体所做的功，设氮气可看作理想气体，且 $C_{V,m} = \frac{3}{2}R$。

　2-3　某过程中给系统提供热量 2090J 和做功 100J，问内能增加多少？

　2-4　在标准状态下 0.016kg 的氧气，分别经过下列过程从外界吸收了 80cal 的热量。设氧气可看作理想气体，且 $C_{V,m} = \frac{5}{2}R$。

（1）若为等温过程，求终态体积。

（2）若为等容过程，求终态压强。

（3）若为等压过程，求气体内能的变化。

2-5 室温下一定量理想气体氧的体积为 2.3L，压强为 1.0atm。经过一多方过程后体积变为 4.1L，压强为 0.5atm。试求：

(1) 多方指数 n。

(2) 内能的变化。

(3) 吸收的热量。

(4) 氧膨胀时对外界所做的功。设氧的 $C_{V,m} = \dfrac{5}{2}R$。

2-6 1mol 理想气体氦，原来的体积为 8.0L，温度为 27℃，设经过准静态绝热过程体积被压缩为 1.0L，求在压缩过程中，外界对系统所做的功。设氦气 $C_{V,m} = \dfrac{5}{2}R$。

2-7 在标准状态下的 0.016kg 氧气，经过一绝热过程对外做功 80J。求终态压强、体积和温度。设氧气为理想气体，且 $C_{V,m} = \dfrac{5}{2}R$，$\gamma = 1.4$。

2-8 0.0080kg 氧气。原来温度为 27℃，体积为 0.41L，若：

(1) 经过绝热膨胀体积增为 4.1L。

(2) 先经过等温过程再经过等容过程达到与 (1) 同样的终态。

试分别计算在以上两种过程中外界对气体所做的功。设氧气可看作理想气体。

2-9 在标准状态下，1mol 单原子理想气体先经过一绝热过程，再经过一等温过程，最后压强和体积均为原来的两倍，求整个过程中系统吸收的热量。若先经过等温过程再经过绝热过程而达到同样的状态，则结果是否相同？

2-10 一定量的氧气在标准状态下体积为 10L，求下列过程中气体所吸收的热量：

(1) 等温膨胀到 20.0L。

(2) 先等容冷却再等压膨胀到 (1) 所达到的终态。设氧气可看作理想气体，且 $C_{V,m} = \dfrac{5}{2}R$。

2-11 将 400J 热量传给标准状态下的 2mol 氢气，试问：

(1) 若温度不变，氢的压强、体积各变为多少？

(2) 若压强不变，氢的温度、体积各变为多少？

(3) 若体积不变，氢的温度、压强各变为多少？

2-12 装备一无摩擦的活塞汽缸内贮有 27℃ 的 1mol 氧气，活塞对气体保持 101.325kPa 的恒定压强，现将气体加热，直到温度升高到 127℃ 为止。

(1) 试在 P-V 图上画出此过程的曲线。

(2) 在此过程中气体作了多少功？

(3) 气体内能变化如何？

(4) 给气体传递的热量有多少？

(5) 如果压强为 50.6625kPa，气体做了多少功？

2-13 分析实验数据表明，在 101.325kPa 下，300～1200K 范围内，铜的定压摩尔热容 C_P 可表示为 $C_P = a + bT$，其中 $a = 2.3 \times 10^4$，$b = 5.92$，C_P 的单位为（J/mol·K）。试计算在 101.325kPa 下，当温度从 300K 增加到 1200K 时铜的焓改变。

2-14 在 24℃ 时水蒸气的饱和气压为 2.9824kPa。若已知此条件下水蒸气的焓是 2545.0kJ·kg^{-1}，水的焓是 100.59kJ·kg^{-1}，求此条件下水蒸气的凝结热。

2-15 设 1mol 固体的状态方程可写作 $V = V_0 + aT + bP$；内能可表示为 $u = CT - aPT$，其中 a、b、c 和 V_0 均为常数。试求：

(1) 摩尔焓的表达式。

(2) 摩尔热容 C_P 和 C_V。

2-16 1mol 氧的温度为 300K，体积为 $2.0 \times 10^{-3} m^3$。试计算下列两过程中氧所做的功：

(1) 绝热膨胀至体积为 $20 \times 10^{-3} m^3$。

(2) 等温膨胀至体积为体积为 $20 \times 10^{-3} m^3$，然后再等容冷却，直到温度等于绝热膨胀后所达到的温度为止；

(3) 将上述两过程在 P-V 图上表示出来；

(4) 说明两过程中做功的数值差别的原因。

2-17 在标准状况下，1mol 单原子理想气体先经过绝热过程，再经过等温过程，最后压强和体积均增为原来的两倍，求整个过程中气体所吸收的热量 Q_1。若先经过等温过程再经过绝热过程而达到同样的状态，则结果是否相同，求吸收的热量 Q_2。

2-18 某气体服从状态方程 $P(V-b) = RT$，内能为 $u = C_V T + u_0$，C_V、u_0 为常数。试证明，该气体的绝热过程方程为 $P(V-b)^\gamma = $ 常数，这里的 $\gamma = C_P / C_V$。

2-19 大气层温度随高度 z 降低的主要原因是，低处与高处各层间不断地发生空气交换。由于空气的导热性能很差，所以它在升降过程中发生的膨胀和压缩能近似为准静态的绝热过程。试证明大气层中的温度梯度为

$$dT/dz = -(\gamma - 1/\gamma)(T/P)\rho g$$

式中的 P 是大气压强，ρ 和 T 分别为其密度和温度；$\gamma = C_P / C_V$。

2-20 利用大气压强随高度变化的公式 $d\ln P = -(\mu g / RT)dz$，同时假设上升空气的膨胀为准静态的绝热过程，试证明：$h = C_p T_0 / \mu g [1 - (P/P_0)^{\gamma - 1/\gamma}]$，式中的 T_0 和 P_0 为地面的温度和压强，而 P 是高度 h 处的压强。

2-21 如图 2-10 所示，潮湿空气绝热持续地流过山脉。气象站 M_0 和 M_3 测得的大气压强都是 100kPa，气象站 M_1 测得大气压强为 70kPa。在 M_0 处空气的温度是 20℃。随空气上升，在压强为 84.5kPa 的高度处（图中的 M_1）开始有云形成。空气由此继续上升，经 1500s 后到达山顶的 M_2 站。上升过程中，空气里的水蒸气凝结成雨落下。设每平方米上空潮湿空气的质量为 2000kg，每千克潮湿空气中凝结出 2.45g 的雨水。若已知空气的定压比热为常数 $C_P = 1005 J/(kg·K)$；山脚 M_0 处的空气密度可取 $\rho_0 = 1.189 kg/m^3$；云层中水的汽化潜热为 $l_V = 2500 kJ/kg$；又 $\gamma = C_P / C_V = 1.4$，$g = 9.81 m/s^2$。

(1) 试求出在云层底部 M_1 高度处的温度 T_1。

(2) 假定空气的密度随高度线性地减少，试问 M_0 和 M_1 两站间的高度差 h_1 为多少？

(3) 在山顶 M_2 处测得的温度 T_2 应为多少？

(4) 试求出由于空气中水蒸气的凝结，在 3h 内形成的降雨量，若设 M_1 和 M_2 之间的降雨量是均匀的。

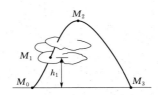

图 2-10　题 2-21 图

（5）试问在山脉背面的气象站 M_3 处的温度 T_3 为多少？讨论 M_3 处空气状态，并与 M_0 处的比较。（提示：空气可处理为理想气体，忽略水蒸气对空气热容和密度的影响。温度计算精确到 1K，高度计算精确到 10m，降雨量精确到 1mm。）

2-22　如图 2-11 所示，1mol 的理想气体沿直线 AB，由状态 $A(p_1,V_1)$ 变化到状态 $B(p_2,V_2)$。试求：

（1）若已知 $P=kV$（k 为常数），求此过程中的 k 值。

（2）此过程中 P 与 T，V 与 T 的关系。

（3）此过程中内能的改变 ΔU，对外所做的功 W，吸收的热量 Q。

（4）分别单原子和双原子气体两种情况，写出此过程中气体摩尔热容的公式。

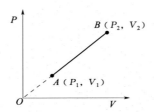

图 2-11　题 2-22 图

2-23　一定量的氧气压强为 $P_1=1.0\text{atm}$，体积为 $V_1=2.3\text{L}$，温度为 $t_1=26℃$；经过一个多方过程，达到压强 $P_2=50.6625\text{kPa}$，体积为 $V_2=4.10\text{L}$，求：

（1）多方指数 n。

（2）内能的变化。

（3）对外界做的功。

（4）吸收的热量。

2-24　如图 2-12 所示为 1mol 单原子理想气体所经历的循环过程，其中 AB 为等温线。已知 $V_{mA}=3.00\text{L}$，$V_{mA}=6.00\text{L}$，求效率。设气体的 $C_{V,m}=\dfrac{3}{2}R$。

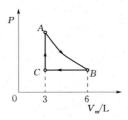

图 2-12　题 2-24 图

2-25 如图 2-13 所示，$ABCD$ 为 1mol 理想气体氦气的循环过程，整个过程由两条等压线和两条等容线组成。设已知 A 点的压强为 $P_A=2.0\text{atm}$，体积为 $V_{mA}=1.0\text{L}$，B 点的体积为 $V_{mB}=2.0\text{L}$，C 点的压强为 $P_C=101.325\text{kPa}$，求循环效率。

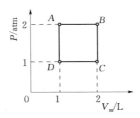

图 2-13 题 2-25 图

2-26 1mol 单原子理想气体经历了一个在 $P-V$ 如图 2-14 所示的可表示为一个圆的准静态过程，试求：

（1）在一次循环中对外做的功。

（2）气体从 A 变为 C 的过程中内能的变化。

（3）气体在 $A-B-C$ 过程中吸收的热量。

（4）为了求出热机循环效率，必须知道它从吸热变为放热及从放热变为吸热的过渡点的坐标，试导出过渡点坐标所满足的方程。

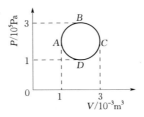

图 2-14 题 2-26 图

2-27 一制冷机工质进行如图 2-15 所示的循环过程，其中 ab，cd 分别是温度为 T_1，T_2 的等温过程；cb，da 为等压过程。设工质为理想气体，证明这制冷机的制冷系数为 $\varepsilon=\dfrac{T_1}{T_2-T_1}$。

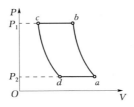

图 2-15 题 2-27 图

第三章　气体分子运动论的基本概念

从本章开始及后两章，我们将从分子运动论的观点阐明气体的一些宏观性质和规律。首先建立理想气体的微观模型，阐明气体的压强和温度的实质，并推出一些基本的气体定律。

第一节　物质的微观模型

分子运动论是从物质的微观结构出发来阐明热现象的规律的，具体来讲，分子运动论以下面讲述的一些概念为基本的出发点，而这些概念是在一定的实验基础上总结出来的。

（1）宏观物体是由大量微粒——分子（或原子）组成的。许多常见的现象都能很好地说明宏观物体由分子组成的不连续性，在分子间存在着一定的空隙。

例如，气体很容易被压缩。又如，水和酒精混合后的体积小于两者原来的体积之和（50mL 水＋50mL 酒精＝97mL）。再如，一块钢给我们的感觉是坚硬的，没有空隙，但把油装在钢制的筒里，加上 20000atm 大气压的压强，就会发现油从钢筒壁上渗出，这些都表明分子间有空隙。

（2）物体内的分子在不停地运动着，这种运动是无规则的，其剧烈程度与物体的温度有关。

1）扩散运动。例如，在熏蚊子的时候，把门窗一关，点燃"666"粉后，浓烟就在室内到处弥散。又如，分别装有不同气体的两个瓶子，在连通后，两种气体便自动掺和，我们将两种不同物质接触后自发地相互掺和的现象叫做扩散。

扩散不仅在气体中存在，在液体和固体中也存在着扩散现象。例如，在清水中滴入几滴红墨水，经过一段时间后，全部清水都会染上红色。又如，分别将一块铅和一块金的一面磨光，并把磨光的两个面压紧放在室内，两三年后发现两金属界面上有一层合金出现，室温下这两种金属是不会熔化的，这层合金的形成，是两种金属原子相互扩散的结果。

总之，扩散现象说明，一切物体（气体、液体、固体）的分子在不停地运动着。

扩散的速度与温度有关，温度越高，扩散越快，固体中的扩散在通常温度下进行得非常慢，升高温度可使扩散加快，在电子工业中制造半导体器件时，要在半导体材料硅或锗中加入微量的磷或硼，就是采用在高温下加快固体内原子扩散的方法来实现的，例如，为了增加机器零件的耐磨性，热处理工艺上有时采用一种固体渗碳法，最简单的渗碳法就是在箱中放入木炭，然后把钢制零件放入木炭中，加温到 900℃ 左右，经过几个小时后，木炭内的碳原子就扩散到零件的表层内，从而增加了零件表面的耐磨性。

2）布朗运动。在显微镜下观察不流动液体中的微粒，发现这些微粒在不停地无规则地运动着，这种运动叫布朗运动，这种微粒叫布朗粒子。

观察表明：布朗运动是永远不会停止的，不论白天、昼夜，冬天、夏天，我们总可以看到布朗运动。观察结果还表明：较小的布朗粒子比较大的布朗粒子运动得激烈。液体或气体的温度较高时的布朗运动要比液体或气体温度较低时的布朗运动激烈些。

那么，产生布朗运动的原因究竟是什么？由于实验是在没有任何外界干扰的情况下进行的，可见，布朗运动是受气体或液体分子撞击的结果。即产生布朗运动的唯一原因是气体或液体内部分子不停地、无规则的运动，气体、液体的温度越高，布朗粒子的运动就越激烈，但布朗运动又是气体、液体分子不停无规则运动的结果。

应当注意：决不能认为布朗运动就是分子运动，因为布朗粒子虽小，但它不是单一的分子，每一个布朗粒子都含有千百万个分子，所以布朗运动不是分子运动，但布朗运动体现分子运动，它是分子运动最明显的验证之一。

通过对扩散现象和布朗运动的讨论，归纳起来，可以得到这样的结论：物质内的分子总是在不停地、无规则地运动着，这种无规则运动的剧烈程度与物质的温度有关，温度越高，分子无规则运动就激烈。正因为这样，我们把物质内分子的无规则运动叫热运动。

3）分子之间有相互作用力。既然组成物质的分子总是在不停地、无规则地运动，但为什么固体、液体的分子都没有分散开来，而是聚在一起呢？

我们知道，折断一根木棍或切削金属零件都必须用力，要使钢件变形也需要很大的力，这些现象表明组成物质的分子间存在着引力。在制造光学仪器时，需要把两块透明的镜进行粘合，先把两个透镜表面磨光并处理干净，再加一定的压力，它们就粘合在一起了，这种粘合就是利用分子间的引力。

固体和液体是很难压缩的，这说明分子之间除了引力，还有斥力，只有当物体被压缩到分子非常接近时，它们之间才有相互排斥力，所以排斥力发生作用的距离要比吸引力发生作用的距离要小。

总结上述内容：一切宏观物体都是大量分子（或原子）组成的，所有的分子都处在不停地、无规则热运动中，分子之间有相互作用力，分子力的作用将使分子聚集在一起，在空间里的某种无规则的分布（通常叫有序排列）而分子的无规则运动将破坏这种有序排列，使分子分散开来，所以，物质分子在不同的温度下表现为三种不同的聚集态。

在较低温度下，分子的无规则运动不太剧烈，分子在相互作用力的影响下被束缚在各自的平衡位置附近做微小的振动，这时候表现为固体状态。

当温度升高，无规则运动剧烈到某一限度时，分子力的作用已不能将分子束缚在固定的平衡位置附近做微小的振动，但还不能使分子分散远离，这时候表现为液体状态。

当温度再升高，无规则运动进一步剧烈到一定的限度时，不但分子的平衡位置没有了，而且分子之间也不能再维持一定的距离，这时分子相互分散远离，分子的运动近似为自由运动，这样就表现为气体状态。

第二节 理想气体的压强

本节从分子运动论的观点阐明理想气体及其压强的实质。

一、理想气体的微观模型

（1）分子本身的线度与分子之间的平均距离相比可以忽略不计（气体越稀薄，忽略越正确）。

（2）除碰撞的一瞬间外，分子间以及分子与容器器壁之间都无相互作用，即忽略分子之间作用力，不考虑重力对分子产生的作用。

（3）分子之间以及分子与容器器壁之间的碰撞是完全弹性碰撞，因为与分子两次碰撞之间所经过的时间相比，分子碰撞的持续时间小到可以忽略。

二、压强公式

我们从上述模型出发来阐明理想气体压强的实质，并推导出理想气体的压强公式。

设在任意形状的容器中贮有一定量的理想气体，体积为 V，共有 N 个分子，单位体积内的分子数为 $n = \dfrac{N}{V}$，每个分子的质量为 m，分子具有各种可能的速度，为了讨论的方便，可以把分子分成若干组，认为每组内的分子具有大小相等方向一致的速度，并设在单位体积内各组的分子数分别为

$$n_1, \ n_2, \ \cdots, \ n_i, \ \cdots, \ 则 \ n = \sum_i n_i$$

在平衡下，器壁上各处的压强相等，所以我们取直角坐标系 xyz，在垂直于 x 轴的器壁上任意取一小块面积 dA，来计算它所受的压强。

首先，考虑单个分子在一次碰撞中对 dA 的作用，设某一分子与 dA 相碰，其速度为 v_i，速度的三个分量为 v_{ix}、v_{iy}、v_{iz}，由于碰撞是完全弹性碰撞，所以碰撞前后在 y, z 两个方向上的速度分量不变，在 x 方向上的速度的分量由 v_{ix} 变为 $-v_{ix}$，即方向改变，大小不变，这样分子在碰撞过程中的动量改变为 $-mv_{ix} - (mv_{ix}) = -2mv_{ix}$，按动量定理，这就等于 dA 施与分子的冲量，而根据牛顿第三定律，分子施与 dA 的冲量为 $2mv_{ix}$。

其次，来确定在一段时间 dt 内所有分子施与 dA 的总冲量，令速度为 v_{ix} 的分子中，在时间 dt 内能与 dA 相碰的只是位于以 dA 为底，$v_{ix}dt$ 为高，以 v_i 为轴线的斜形柱体内的那部分分子。根据上面所设，单位体积内速度为 v_i 的分子数为 n_i，所以在时间 dt 内能与 dA 相碰的分子数为 $n_i v_{ix} dt dA$，因此，速度为 v_i 的一组分子在时间 dt 内施与 dA 的总冲量为 $2n_i m v_{ix}^2 dA dt$。

将这个结果对所有可能的速度求和，就得到所有分子施与 dA 的总冲量 dI，在求和时必须限制 $v_{ix} > 0$ 的范围内，因为 $v_{ix} < 0$ 的分子不会与 dA 相碰的。

所以

$$dI = \sum_{i(v_{ix} > 0)} 2n_i m v_{ix}^2 dA dt \tag{3-1}$$

容器中的气体作为整体来说并无运动，所以平均来讲，$v_{ix} > 0$ 和 $v_{ix} < 0$ 的分子各占一半。则式（3-1）应除以 2，得到

$$dI = \sum_i n_i m v_{ix}^2 dA dt$$

这个冲量体现出气体分子在时间 dt 内对 dA 的持续作用，dI 与 dt 之比，即为气体施于器壁的宏观压力，因此，如果以 P 表示压强，则有

$$P = \frac{dI}{dt dA} = \sum_i n_i m v_{ix}^2 = m \sum_i n_i v_{ix}^2 \tag{3-2}$$

如果以 $\overline{v_x^2}$ 表示 v_{ix}^2 对所有分子的平均值，即令：

$$\overline{v_x^2} = \frac{n_1 v_{1x}^2 + n_2 v_{2x}^2 + \cdots + \sum_i n_i v_{ix}^2}{n_1 + n_2 + \cdots + \sum_i n_i} = \frac{\sum_i n_i v_{ix}^2}{n}$$

则式（3-2）可写成

$$P = nm\,\overline{v_x^2} \qquad\qquad (3-3)$$

在平衡态下，气体的性质与方向无关，分子向各个方向运动的概率几乎相等，所以对大量分子来说，三个速度分量平方的平均值必须相等，即

$$\overline{v_x^2} = \overline{v_y^2} = \overline{v_z^2}$$

又因为

$$v_i^2 = v_{ix}^2 + v_{iy}^2 + v_{iz}^2$$

$$\overline{v^2} = \overline{v_x^2} + \overline{v_y^2} + \overline{v_z^2}$$

所以

$$\overline{v_x^2} = \frac{1}{3}\overline{v^2} \qquad\qquad (3-4)$$

把式（3-4）代入式（3-3），得

$$P = \frac{1}{3}nm\,\overline{v^2} \qquad\qquad (3-5)$$

或

$$P = \frac{2}{3}n\left(\frac{1}{2}m\,\overline{v^2}\right) = \frac{2}{3}n\,\overline{\in} \qquad\qquad (3-6)$$

式（3-6）中 $\overline{\in} = \frac{1}{2}m\,\overline{v^2}$ 表示气体分子的平动动能的平均值。

因此，式（3-6）说明：理想气体的压强 P 决定于单位体积内分子数 n 和平均平动能 $\overline{\in}$，n 和 $\overline{\in}$ 越大，P 就越大。

从上面分析可知，气体作用于器壁的压强是大量分子跟器壁碰撞产生的平均效果，可知离开了"大量分子"和"平均"，压强这一概念就失去了意义。在导出公式的过程中可以看到，虽然单个分子的运动遵从力学规律，但大量分子运动所表现的规律则不能单纯用力学规律来说明，还要用到统计理论的方法（如平均的概念和求统计平均值的方法），压强公式表明了宏观量（P）和微观量的统计平均值（n 和 $\overline{\in}$）的关系，所以对压强的概念就不能像以前那样只是"单位面积上所受的压力"这样一贯比较肤浅、笼统的表面认识。

第三节　温度的微观解释

我们曾经从宏观的角度定义过温度这个概念，现在再从微观角度来阐明温度概念的实质，并且根据分子运动论得出的压强公式和分子平均平动能的公式来推导理想气体的各种实验定律，从而证明分子运动论的正确性。

一、温度的微观解释

我们已经推证出理想气体的压强公式为：$P = \dfrac{2}{3} n \bar{\in}$，并从理想气体定义知道状态方

程为：$PV = \dfrac{M}{\mu} RT$。从这两个式子中推导出温度与分子平均平动能之间的关系，从而阐明

温度这一概念的微观实质。将 $P = \dfrac{2}{3} n \bar{\in}$ 代入 $PV = \dfrac{M}{\mu} RT$ 中得

$$\bar{\in} = \frac{3M}{2n\mu V} RT$$

因为，$n = \dfrac{N}{V}$ 而 $N = \dfrac{M}{\mu} N_A$，$N_A = 6.022045 \times 10^{23} \text{mol}^{-1}$，表示 1mol 气体所含的分子数，称

为阿伏伽德罗常数。

$$N_A = \frac{\mu N}{M} = \frac{\mu n V}{M}$$

所以
$$\bar{\in} = \frac{3R}{2N_A} T \tag{3-7}$$

并且，R 和 N_A 都是常数，它们之比用另一个常数 K 表示，K 叫波尔兹曼常数，其值为

$$K = \frac{R}{N_A} = \frac{8.31441 \text{J} \cdot \text{mol}^{-1} \cdot \text{K}^{-1}}{6.022045 \times 10^{23} \text{mol}^{-1}}$$
$$= 1.380662 \times 10^{-23} \text{J} \cdot \text{K}^{-1} \tag{3-8}$$

这样式（3-7）可写作

$$\bar{\in} = \frac{3}{2} KT$$

式（3-8）说明：气体分子的平均平动能只与温度有关，并与热力学温度成正比。这
个式子是使分子运动论适合于理想气体状态方程所必须满足的关系，也可以认为它是从分
子论点角度对温度的定义。

它从微观的角度阐明了温度的实质，温度标志着物体内部分子无规则运动的剧烈程
度，温度越高表示平均来说物体内部分子热运动越激烈。从式（3-8）可以看出，温度是
大量分子热运动的集体表现，也就是说是含有统计定义的，对于单个分子，它有温度是没
有意义的。

二、对理想气体定律的推导

1. 阿伏伽德罗定律

理想气体的压强公式为

$$P = \frac{2}{3} n \bar{\in} \tag{3-9}$$

又求得
$$\bar{\in} = \frac{3}{2} KT \tag{3-10}$$

将式（3-9）代入式（3-10）中得：

$$P = \frac{2}{3}n\left(\frac{3}{2}KT\right) = nKT \tag{3-11}$$

可以看出，在相同的温度和压强下，各种气体在相同的体积内所含的分子数相等，这就是阿伏伽德罗定律。

在标准状态下，即，$P = 1\text{atm} = 1.013250 \times 10^5 \text{N} \cdot \text{m}^{-2}$，$T = 273.15\text{K}$ 时，任何气体在 1m^3 中含有的分子数都相等。

$$n = \frac{P}{KT} = \frac{1.013250 \times 10^5}{1.380662 \times 10^{23} \times 273.15}$$
$$= 2.6876 \times 10^{25} \text{m}^{-3}$$

这个数目叫做洛系密脱（loschmidt）数。

2. 道尔顿分压定律

设有几种不同的气体，混合地贮在同一容器中，它们的温度相同。根据 $\bar{\in} = \frac{3}{2}KT$，$T$ 相同说明各种气体分子的平均平动能相等。即，$\bar{\in}_1 = \bar{\in}_2 \cdots = \bar{\in}_n$，设单位体积内所含各种气体的分子数分别为 n_1，n_2，$\cdots$，则单位体积内混合气体总分子数为 $n = n_1 + n_2 + n_3 \cdots$，将这些代入 $P = \frac{2}{3}n\bar{\in}$ 中得

$$P = \frac{2}{3}(n_1 + n_2 + \cdots)\bar{\in} = \frac{2}{3}n_1\bar{\in}_1 + \frac{2}{3}n_2\bar{\in}_2 + \cdots = P_1 + P_2 + \cdots \tag{3-12}$$

式（3-12）说明：混合气体的压强等于组成混合气体的各成分的压强之和，这就是**道尔顿分压定律**。

【例 3-1】 一容器中贮有理想气体，压强为 1.0（bar），温度为 27℃，每立方米内有多少个分子？

【解】 已知：$P = 1.0\text{bar} = 1.0 \times 10^5 \text{N} \cdot \text{m}^{-2}$，$T = 300\text{K}$，$K = 1.38 \times 10^{-23}\text{J} \cdot \text{K}^{-1}$

代入 $P = nKT$ 中得：

$$n = \frac{P}{KT} = \frac{1.0 \times 10^5}{1.38 \times 10^{-23} \times 300} = 2.4 \times 10^{25} \text{m}^{-3}$$

第四节 分 子 力

从分子论观点我们已经知道，分子热运动和分子间的相互作用只取决于物质的各种热学性质的基本因素。在气体中，虽然分子热运动占支配地位，但分子力并不是完全不起作用。例如：在计算理想气体时压强时提到的分子间的碰撞，实质上就是对分子间相互作用过程的一种简化处理，而要计算实际气体的压强时，则必须较详尽地考虑分子间的相互作用。这一节里，我们对分子间相互作用力的性质和规律做一些简单的说明。

根据现代分子结构的知识，分子由原子组成，而原子由带正电的原子核和带负电的电子组成，带负电的电子绕原子核运动，形成电子云，分子力一部分是由于这些带电微粒之间的静电力，另外还决定于电子在运动过程中某些特定的相互联系（如运动情况完全相似的电子具有互相回避的倾向）。

分子间相互作用的规律较复杂，很难用简单的数学公式来表示，在分子运动论中，一

般是在实验的基础上采用一些简单模型来处理问题，一种常用的模型是假设分子间的相互作用力具有球对称性，并近似地用半经验公式来表示

$$f = \frac{\lambda}{r^s} - \frac{\mu}{r^t} \quad (s > t)$$

式中　　　r——两个分子中心间的距离；

　λ、μ、s、t——正数，主要根据实验求值确定，对于不同的分子都有 $t = 4 \sim 7$，而 s 则为 $10 \sim 13$；

　　　$\frac{\lambda}{r^s}$——斥力，斥力由两种原因形成：①原子核与原子核之间的静电斥力，②量子斥力；

　　$-\frac{\mu}{r^t}$——引力，引力由三种原因形成：①静电力，②诱导力，③色散力。

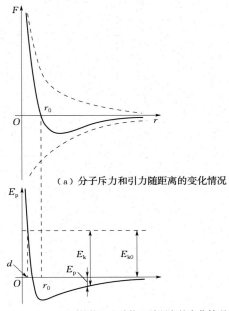

（a）分子斥力和引力随距离的变化情况

（b）势能E_p和动能E_k随距离的变化情况

图 3-1　分子间斥力和引力随距离变化的关系

引力与斥力都是效能力，斥力的有效作用比引力的小，分子间斥力和引力随距离变化的关系如图 3-1 所示。图 3-1（a）中的两条虚线分别表示斥力和引力随距离变化的情况，由图 3-1（a）可知，在一定距离 $r = r_0 = \left(\frac{\lambda}{\mu} \right)^{\frac{1}{t-s}}$ 处。即 $f = 0$ 时表明分子之间的吸引力与斥力相互抵消，这个距离叫分子间的平衡距离；对于不同物质的分子，r_0 的数值也略有不同，一般在 10^{-10} 左右，当分子中心间距离大于 r_0 时，$f < 0$，表明分子间是引力起主导作用。当分子中心间距离较 r_0 大很多时，吸引力的数值随距离的加大而迅速减小。当距离大于 10^{-3} m 时，吸引力就可以忽略不计了。当分子中心间距离小于 r_0 时，$f > 0$，表明分子间是排斥力起主导作用。随着距离减小，排斥力急剧增大。

利用分子力图线，可以说明两个分子间的所谓"碰撞"过程。设想一个分子静止不动，其中心固定在图 3-1（b）中的坐标原点，另一个分子从极远处的动能 E_{K0}（这时势能为零，所以 E_{K0} 也就是是总能量 E）趋近，当 $r>r_0$ 时，分子力是引力；所以势能 E_P 不断减小，而动能 E_K 不断增大。当 $r=r_0$ 时，势能最小，而动能最大。分子的有效直径的数量级为 10^{-10} m。

在分子运动中，除了上述模型外还常用到一些更加简化的模型。例如：

1. 刚球模型

假设：

$$E_P=\infty，\text{当 } r<d$$
$$E_P=0，\text{当 } r>d$$

2. 苏则朗（sutherland）模型

假设：

$$E_P=\infty，\text{当 } r<d$$
$$E_P=-\frac{H'}{r^{t-1}}，\text{当 } r>d$$

即把分子看作相互间有吸引力的刚球。

第五节　范德瓦尔斯气体的压强

理想气体忽略了分子的体积，即不考虑分子间的斥力和引力，克劳修斯和范德瓦尔斯把气体看作有相互吸引力的刚球，将理想气体的压强加以修正，从而导出了范德瓦尔斯方程。

一、分子体积所引起的修正

1mol 理想气体的压强为

$$P=\frac{RT}{V}$$

b 为气体分子所含有体积的修正量，理想气体的压强修正为

$$P=\frac{RT}{V-b}$$

b 用实验方法测定，从理论上证明 b 的数值等于 1mol 气体内含有分子体积总和的 4 倍，由于分子有效直径的数量级为 10^{-10} m，所以可以估计出 b 的大小

$$b=4N_A \cdot \frac{4}{3}\pi \left(\frac{d}{2}\right)^3=10^{-5} \text{ m}^{-3}$$

二、分子间引力所引起的修正

$$P=\frac{RT}{V-b}-\Delta p$$

ΔP 为气体的内压强，$\Delta P=$（单位时间内与单位面积器壁相碰的分子数）$\times 2\Delta K$，

ΔK 与向内的拉力成正比，这个拉力又与单位体积内的分子数 n 成正比。

所以 $$\Delta K \propto n$$

同时，单位时间内与单位面积相碰撞的分子数也与 n 成正比。

所以 $$\Delta P \propto n^2 \propto \frac{1}{V^2}$$

$$\Delta P = \frac{a}{V^2}$$

a 为比例系数，由气体性质决定，它表示 1mol 气体在占有单位体积时，由于分子间相互吸引力作用而引起的压强减小量。

因而可得到 1mol 范德瓦尔斯气体的压强为

$$P = \frac{RT}{V_m - b} - \frac{a}{V_m^2}$$

由此可导出适用于 1mol 气体的范德瓦尔斯方程

$$\left(P + \frac{a}{V_m^2} \right) (V_m - b) = RT$$

范德瓦尔斯方程是许多真实气体方程中最简单、使用最方便的一个，经推广后可近似地用于液体。范德瓦尔斯方程最重要的特点是它的物理图像十分鲜明，它能同时描述气、液及气液相互转变的性质，也能说明临界点的特征，从而揭示相变与临界现象的特点。范德瓦尔斯是 20 世纪相变理论的创始人。

阅 读 资 料

布朗（1773—1858），英国植物学家。1773 年 12 月 21 日生于苏格兰蒙德罗斯，父亲是一位牧师，布朗在阿伯丁和爱丁堡大学学医。21 岁时，他在英国军队中当助理外科医生。1801—1805 年，他以博物学家身份参加考察团，去澳大利亚海岸勘察，回来后当上林纳协会的图书馆馆长。1858 年 6 月 10 日，病逝于伦敦。布朗对物理学的贡献是发现了著名的布朗运动。1827 年布朗用显微镜观察悬浮在水中的花粉颗粒时，发现花粉颗粒在水中不停地做无规则运动，颗粒越小越活跃。虽然布朗当时并不能解释这种运动的原因，

布朗（Robert Brown）

但他精于观察和实验，肯定了这种运动的客观存在，发现了问题，并把问题详尽地记载下来，为后人的进一步研究做出了开拓性的贡献。这种运动后来被称为布朗运动。布朗逝世后，随着分子动理论的发展，人们才清楚地知道，这种微小颗粒的奇妙运动是由于微粒受到做热运动的水分子从四面八方不均衡的碰撞所造成的。

在布朗工作的基础上，1905年德国物理学家爱因斯坦和波兰物理学家斯莫卢霍夫斯基发表了他们对布朗运动的理论研究成果，得出了关于布朗运动的完整统计理论，成功地用原子和分子的热运动解释了布朗运动。1908年法国物理学家佩兰用实验方法验证了爱因斯坦和斯莫卢霍夫斯基的理论。他们和布朗一起，间接地证实了分子的存在及其永不停息的无规则运动，这无疑是对原子-分子理论和分子动理论正确性的有力支持，对分子物理学的发展作出了决定性的贡献。布朗运动还清楚地表明了统计力学中预言的涨落现象确实存在，使人们认识到热力学第二定律的统计规律性。布朗运动发现的重要意义还在于，能把原来看不见的分子微观运动和可以观察到的微粒宏观运动联系了起来，为物理学的研究提供了一个重要的、科学的研究方法。

波尔兹曼（1844—1906），奥地利物理学家、哲学家，是热力学和统计物理学的奠基人之一。1866年获维也纳大学博士学位，历任格拉茨大学、维也纳大学、慕尼黑大学和莱比锡大学的教授。他发展了麦克斯韦的分子运动类学说，把物理体系的熵和概率联系起来，阐明了热力学第二定律的统计性质，并引出能量均分理论（麦克斯韦—波尔兹曼定律）。他首先指出，一切自发过程，总是从概率小的状态向概率大的状态变化，从有序向无序变化。1877年，波尔兹曼又提出，用"熵"来量度一个系统中分子的无序程度。他最先把热力学原理应用于辐射，导出热辐射定律，称斯特藩—波尔兹曼定律。他还注重自然科学哲学问题的研究，著有《物质的动理论》等。作为一名物理学家，他最伟大的功绩是发展了通过原子的性质（例如原子量、电荷量、结构等）来解释和预测物质的物理性质（例如黏性、热传导、扩散等）的统计力学，并且从统计意义对热力学第二定律进行了阐释。

波尔兹曼（Boltzmann）

思 考 题

3-1 布朗运动是否就是分子运动？如果不是，两者有何关系？

3-2　何谓理想气体？这个概念是怎么在实验的基础上抽象出来的？从微观结构来看，它与实际气体有何区别？

3-3　一容器中装着一定量的某种气体，试分别讨论下面三种状态：

(1) 容器内各部分压强相等，这种状态是否一定是平衡状态？

(2) 其各部分的温度相等，这状态是否一定是平衡态？

(3) 各部分压强相等，并且各部分密度也相同，这种状态是否一定是平衡态？

3-4　推导压强公式的基本思路和主要步骤是什么？

3-5　在推导理想气体压强公式的过程中，什么地方用到了理想气体的假设？什么地方用到了平衡态的条件？什么地方用到了统计平均的概念？

3-6　如果气体由几种类型的分子组成，试写出混合气体的压强公式。

3-7　两瓶不同类的气体，设分子平均平动动能相同，但气体的密度不相同，问它们的温度是否相同？压强是否相同？

3-8　怎样理解一个分子的平均平动动能$\overline{\epsilon}=\dfrac{3}{2}KT$？如果容器内仅有一个分子，能否根据此式计算它的动能？

3-9　范德瓦尔斯气体和理想气体内部压强产生的原因是否相同？

3-10　为什么说承认分子固有体积的存在也就是承认存在分子间的排斥力？

3-11　什么是分子有效直径d？为什么它随温度升高而减小？

习　题

3-1　目前可获得的极限真空度为10^{-13}mmHg的数量级，问在此真空度下每立方厘米内有多少空气分子？设空气的温度为27℃。

3-2　钠黄光的波长为5.893×10^{-7}m，设想一立方体长为5.893×10^{-7}m，试问在标准状态下，其中有多少个空气分子？

3-3　一容积为11.2L的真空系统已被抽到1.0×10^{-5}mmHg的真空。为了提高其真空度，将它放在300℃的烘箱内烘烤，使器壁释放出吸附的气体。若烘烤后压强增为1.0×10^{-2}mmHg，问器壁原来吸附了多少个气体分子？

3-4　容积为2500cm³的烧瓶内有1.0×10^{15}个氧分子，有4.0×10^{15}个氮分子和3.3×10^{-7}g的氩气。设混合气体的温度为150℃，求混合气体的压强。

3-5　一容器内有氧气，其压强$P=1.0$atm，温度为$t=27$℃，求：

(1) 单位体积内的分子数。

(2) 氧气的密度。

(3) 氧分子的质量。

(4) 分子间的平均距离。

(5) 分子的平均平动动能。

3-6　在常温下（例如27℃），气体分子的平均平动能等于多少eV？在多高的温度下，气体分子的平均平动动能等于1000eV？

3-7　1mol 氦气，其分子热运动动能的总和为 3.75×10^3J，求氦气的温度。

3-8　质量为 10kg 的氮气，当压强为 1.0atm，体积为 7700cm^3 时，其分子的平均平动动能是多少？

3-9　有六个微粒，试就下列几种情况计算它们的方均根速率：

(1) 六个的速率均为 10m/s。

(2) 三个的速率为 5m/s，另三个的速率为 10m/s。

(3) 三个静止，另三个的速率为 10m/s。

3-10　试计算氢气、氧气和汞蒸气分子的方均根速率，设气体的温度为 300K，已知氢气、氧气和汞蒸气的分子量分别为 2.02、32.0 和 201。

3-11　气体的温度为 $T=273$K，压强为 $P=1.00\times10^{-2}$atm，密度为 $\rho=1.29\times10^{-5}$ g/cm^3。

(1) 求气体分子的方均根速率。

(2) 求气体的分子量，并确定它是什么气体。

3-12　一立方容器，边长为 1.0m，其中贮有标准状态下的氧气，试计算容器一壁每秒受到的氧分子碰撞的次数。设分子的平均速率和方均根速率的差别可以忽略。

3-13　估算空气分子每秒与 1.0cm^2 墙壁相碰的次数，已知空气的温度为 300K，压强为 1.0atm，平均分子量为 29。设分子的平均速率和方均根速率的差别可以忽略。

3-14　已知对氧气，范德瓦尔斯方程中的常数 $b=0.031831$mol^{-1}，设 $b=1$mol 氧气分子体积总和的四倍，试计算氧分子的直径。

3-15　把标准状态下 224L 的氮气不断压缩，它的体积将趋于多少升？设此时的氮分子是一个挨着一个紧密排列的，试计算氮分子的直径。此时由分子间引力所产生的内压强约为多大？已知对于氮气，范德瓦尔斯方程中的常数 $a=1.390$atm·L^2·mol^{-2}，$b=0.03913$L·mol^{-1}。

第四章　气体分子热运动速率和
能量的统计分布率

　　本章重点是讨论麦克斯韦速率分布律和能量按自由度均分定律，着重要求通过讲授气体分子运动速率分布、能量分布和能量按自由度均分定律，使我们从理性上深刻认识在平衡态条件下，气体分子的热运动速率、速度和能量都遵循着确定的统计规律性。和牛顿力学规律性不同，与热运动有关的物理量只具有统计平均值的意义。

　　气体分子以各种大小的速度沿各个方向运动着，而且由于相互碰撞，每个分子的速度都在不断地改变。因此，若在某一特定的时刻去考察某一特定的分子，它的速度具有怎样的大小和方向完全是偶然的，然而，就大量分子而言，在一定的条件下，它们的速度分布却遵从一定的统计规律。在这一节中，我们研究平衡态下气体分子的统计分布规律，并且结合这个具体问题阐明统计规律的一些性质和特点。

第一节　速率分布函数

　　我们首先看一个人口调查的例子，人口调查表见表 4-1。

表 4-1　　　　　　　　　　　　　　**人 口 调 查 表**

年龄范围	人口数 ΔN	占总人口数比率 $(\Delta N)/N$
0～10	35 万	0.17
10～20	40 万	0.20
20～30	42 万	0.21
30～40	38 万	0.19
40～50	15 万	0.07
50～80	32 万	0.16
总计：$N = 202$ 万		

　　不难看出，只有人口调查表往往不够形象，所以统计学里又用一个叫直方图来表示，人口直方图如图 4-1 所示。

　　高度表示比率，面积是人口数 ΔN，总面积等于总人口数。$\dfrac{\Delta N}{N \Delta T}$ 这是每 ΔT 岁在总人口中占据的人口数。当 $\Delta T \to 0$ 时，此图就成为一条曲线，如年龄用自变量 x 表示，分布函数为 $f(x) = \dfrac{\Delta N}{N \mathrm{d} x}$，意义是单位自变量的范围是分布的样品数与总数的比。人口曲线图如图 4-2 所示。

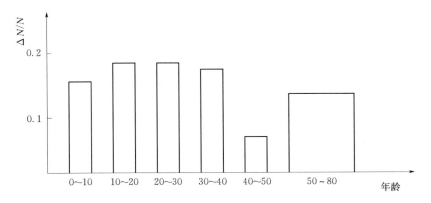

图 4-1　人口直方图

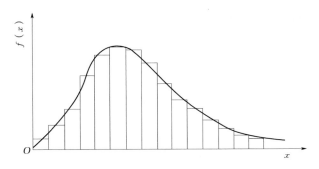

图 4-2　人口曲线图

为了描述气体分子按速率的分布情况,研究它的定量规律,首先需要引入速率分布函数的概念,令 N 表示一定量气体的总分子数,dN 表示速率分布在某一区间 $(v, v+dv)$ 内的分子数,则 dN/N 就表示分布在这一区间内的分子数占总分子数的比率。显然。在不同的速率 v 附近取相等的间隔,比率 dN/N 的数值一般是不同的。也就是说比率 dN/N 与速率 v 有关,它与 v 的一定函数成正比,另一方面,在给定的速率 v 附近,如果所取的间隔 dv 越大,则分布在这个区间内的分子数就越多,比率 dN/N 也就越大;当 dv 足够小时,总可以认为 dN/N 与 dv 成正比,即:

$$\frac{dN}{N} = f(v)dv \tag{4-1}$$

式（4-1）中的 $f(v) = \dfrac{dN}{Ndv}$,表示分布在速率 v 附近单位速率间隔内的分子数占总分子数的比率,对于处于一定温度下的气体,它只是速率 v 的函数,叫做气体分子的速率分布函数。

如果确定了速率分布函数 $f(v)$,就可以用积分的方法求出分布在任意有限速率范围 $v_1 \sim v_2$ 内的分子数占总分子数的比率

$$\frac{\Delta N}{N} = \int_{v_1}^{v_2} f(v)dv \tag{4-2}$$

由于全部分子百分之百地分布在这个速率范围内,所以如果在上式中取 $v_1 = 0$,$v_2 = \infty$,则结果显然为 1,即:

$$\int_0^\infty f(v)\mathrm{d}v = 1 \qquad\qquad (4-3)$$

这个关系式叫速率分布函数的归一化条件，是速率分布函数 $f(v)$ 所必须满足的条件。

第二节　Maxwell 速率分布律

在近代测定气体分子速率的实验获得成功之前，Maxwell 与 Boltzmann 等已从理论（概率论、统计力学等）上确定了气体分子按速率的统计规律。结论指出：在平衡状态下，当气体分子间的相互作用可以相互忽略时，分布在任一速率区间 $(v, v+\mathrm{d}v)$ 内的分子的比率为

$$\frac{\mathrm{d}N}{N} = 4\pi\left(\frac{m}{2\pi KT}\right)^{\frac{3}{2}}\mathrm{e}^{-\frac{mv^2}{2KT}}v^2\,\mathrm{d}v$$

$$f(v) = 4\pi\left(\frac{m}{2\pi KT}\right)^{\frac{3}{2}}\mathrm{e}^{-\frac{mv^2}{2KT}}v^2 \qquad\qquad (4-4)$$

显然自变量是 v，其他变量在 T 不变时，都是常数，这个结论叫 Maxwell 速率分布律。

我们根据式（4-4）画出 $f(v)$ 与 v 之间的函数关系，如图 4-3 所示。

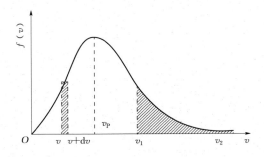

图 4-3　$f(v)$ 与 v 之间的函数关系

图 4-3 表示的 $f(v)$ 与 v 之间的函数关系，叫速率分布曲线。从图中可以看出，速率特别大的不太多，中等速率的分子相对比较多。

与 $f(v)$ 极大值对应的速率叫最可积速率，通常用 v_P 表示，它的物理意义是，如果某个速率分成许多相等的小区间，则分布在 v_P 所在区间的分子比率最大。要确定 v_P，可以取速率分布函数 $f(v)$ 对速率的一级微商，并令它等于零，即令：

$$\frac{\mathrm{d}}{\mathrm{d}v}f(v) = 0$$

$$f'(v) = 4\pi\left(\frac{m}{2\pi KT}\right)^{\frac{3}{2}}\left[\left(-\frac{2mv}{2KT}\right)\mathrm{e}^{-\frac{mv^2}{2KT}}v^2 + \mathrm{e}^{-\frac{mv^2}{2KT}}v\right]$$

$$= 4\pi\left(\frac{m}{2\pi KT}\right)^{\frac{3}{2}}\mathrm{e}^{-\frac{mv^2}{2KT}}\cdot v\left(2 - \frac{mv^2}{KT}\right)$$

$$2 - \frac{mv^2}{KT} = 0$$

$$v_p = \sqrt{\frac{2KT}{m}} = \sqrt{\frac{2RT}{\mu}} = 1.41\sqrt{\frac{RT}{\mu}} \qquad\qquad (4-5)$$

那么，我们是否可以说：速率为 v_P 的分子数所占比例最大呢？

答案是否定的。应该是：速率为 v_P 附近单位速率间隔的分子数所占比例最大，这一速率的分子数为零（因为严格等于最可几速率的分子一个也没有），不能说在某一点的分子最多，而只是说某一间隔内的分子数最多。

（1）分布曲线与 T 的关系

$$v_P = \sqrt{\frac{2RT}{\mu}}$$

$v-f(v)$ 曲线如图 4-4 所示，温度越高，速率比较大的分子越多，速率较小的分子数比原来少。

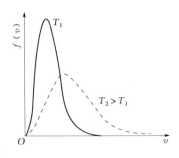

图 4-4　$v-f(v)$曲线

（2）分布曲线与 m 的关系（m 是分子质量）。如果气体分子温度相同，但分子质量 $m_2 > m_1$，由 $v_P = \sqrt{\frac{2KT}{m}}$ 知，速率较大的分子数减少，速率较小的分子数增多。

（3）Maxwell 分布是一个统计规律。$v \to v + \Delta v$，$dN = f(v)dv N = 50$ 万。

只能说在 50 万左右波动，而不是在任一时刻都等于 50 万。如单位体积内的分子数也具有统计意义（即统计平均的意义），和以前所学的力学统计规律是不同的，这种波动叫涨落。

Δn 的涨落等于它平均值的概率。而涨落的百分数为

$$\frac{\sqrt{\Delta n}}{\Delta n} = \frac{1}{\sqrt{\Delta n}}$$

从这里可以看出，分子数越多，涨落就越小，所以统计规律是大量样本的规律。

（4）Maxwell 统计规律的运用条件。

1）平衡态。

2）忽略分子间的相互作用。

3）大量分子。

如液体。显然水分子在不停运动，也有分布速率，然而它们之间距离比较近，所以分子之间的相互作用不能忽略水的蒸发过程。在蒸发过程中，速率较大的水分子跑掉了，从宏观来讲温度下降了，从微观上来讲能量减少了。

【例 4-1】　求分子的平均速率。

【解】　设分布在$(v, v+dv)$里的分子数为 dN，由式（4-1）得

$$dN = Nf(v)dv$$

由于 dv 很小，所以可以近似地认为这 dN 个分子的速率是相同的，都等于 v，这样，这 dN 个分子的速率的总和为 $vNf(v)dv$，把这个结果对所有可能的速率间隔求和就得到全部分子速率的总和，再除以总分子数 N 即可求得分子的平均速率，又因为分子的速率是连续分布的。

所以

$$
\begin{aligned}
\overline{v} &= \int_0^\infty vNf(v)dv/N \\
&= \int_0^\infty vf(v)dv \\
&= 4\pi\left(\frac{m}{2\pi KT}\right)^{\frac{3}{2}}\int e^{-\frac{mv^2}{2KT}}v^3 dv \\
&= 4\pi\left(\frac{m}{2\pi KT}\right)^{\frac{3}{2}} \cdot \frac{1}{2\left(\frac{m}{2KT}\right)^2} \\
&= \sqrt{\frac{8KT}{\pi m}}
\end{aligned}
$$

所以

$$
\overline{v} = \sqrt{\frac{8KT}{\pi m}} = \sqrt{\frac{8RT}{\pi\mu}} \approx 1.59\sqrt{\frac{RT}{\mu}} \tag{4-6}
$$

根据相同的思路和方法，可求得分子速率平方的平均值为：

$$
\begin{aligned}
\overline{v^2} &= \int_0^\infty v^2 Nf(v)dv/N \\
&= \int_0^\infty v^2 f(v)dv \\
&= 4\pi\left(\frac{m}{2\pi KT}\right)^{\frac{3}{2}}\int_0^\infty e^{-\frac{mv^2}{2KT}}v^4 dv \\
&= \frac{3KT}{m}
\end{aligned}
$$

也可得到分子的方均根速率为

$$
\sqrt{\overline{v^2}} = \sqrt{\frac{3KT}{m}} = \sqrt{\frac{3RT}{\mu}} = 1.73\sqrt{\frac{RT}{\mu}} \tag{4-7}
$$

这与第三章中的结果完全一样。由上面的结果可知，气体分子的三种速率 v_p，$\overline{v}$，$\sqrt{\overline{v^2}}$ 都与 $\sqrt{T}$ 成正比，与 $\sqrt{m}$ 和 $\sqrt{\mu}$ 成反比，在这三种速率中，$\sqrt{\overline{v^2}}$ 最大，$\overline{v}$ 次之，v_p 最小。在室温时，它们的数量级一般为每秒几百米，这三种速率对不同的问题有各自的应用，举例来说：

（1）在讨论速率分布时，要用 v_p。

（2）在计算分子运动的平均距离时，要用 $\overline{v}$。

（3）在计算分子的平均平动能时，要用 $\sqrt{\overline{v^2}}$。

第三节 Maxwell 的速度分布

第二节时我们只讲大小，没有考虑方向，假如要细致地分析，在某方向上的大小，就叫速度分布律。用 $\vec{v}$ 表示气体分子的速度矢量，用 v_x，v_y 和 v_z 分别表示 v 沿直角坐标轴 x，y，z 的分量，从理论上可导出，在平衡条件下，当气体分子间的相互作用可以忽略时，速度分量 v_x 在区间 $(v_x, v_x + \mathrm{d}v_x)$ 内；v_y 在区间 $(v_y, v_y + \mathrm{d}v_y)$ 内；v_z 在区间 $(v_z, v_z + \mathrm{d}v_z)$ 内的分子的比率为

$$\frac{\mathrm{d}N}{N} = \left(\frac{m}{2\pi KT}\right)^{\frac{3}{2}} \mathrm{e}^{-\frac{m(v_x^2 + v_y^2 + v_z^2)}{2KT}} \mathrm{d}v_x \mathrm{d}v_y \mathrm{d}v_z \tag{4-8}$$

这个结论叫 Maxwell 速度分布律。引进速度空间的概念，可以对这个定律得到更直观的理解。以 v_x、v_y、v_z 为轴的直角坐标系所确定的空间叫做速度空间，在速度空间里，每个分子的速度矢量都可用一个坐标原点为起点的箭头表示。因此，速度分量限制在 $(v_x, v_x + \mathrm{d}v_x)$，$(v_y, v_y + \mathrm{d}v_y)$，$(v_z, v_z + \mathrm{d}v_z)$ 内这一条件，表示速度矢量的端点都在这一定的体积元 $\mathrm{d}w = \mathrm{d}v_x \mathrm{d}v_y \mathrm{d}v_z$ 内。

从这里可以看出速度分布律是从速度律中导出的，在讨论速率分布律时，速度矢量的大小被限制在一定的区间内，而方向则任意。

满足这个条件的速度矢量，其端点却落在半径为 v 厚度为 $\mathrm{d}v$ 的球壳径内，这个球壳的体积等于其内壁的面积 $4\pi v^2$ 乘以厚度 $\mathrm{d}v$，即

$$\mathrm{d}w = 4\pi v^2 \mathrm{d}v = \mathrm{d}v_x \mathrm{d}v_y \mathrm{d}v_z$$

且

$$v^2 = v_x^2 + v_y^2 + v_z^2$$

即由式（4-8）可得

$$\frac{\mathrm{d}N}{N} = 4\pi \left(\frac{m}{2\pi KT}\right)^{\frac{3}{2}} \mathrm{e}^{-\frac{mv^2}{2KT}} v^2 \mathrm{d}v$$

由式（4-8）还可以推出速度三个分量的分布函数。例如：取 $-\infty$ 和 $+\infty$ 为积分的下限和上限，将式（4-8）变形后对 v_y 和 v_z 积分，即可求出速度分量 v_x 在区间 $(v_x, v_x + \mathrm{d}v)$ 内的分子数 $\mathrm{d}N_{vx}$ 占总分子数 N 的比率。

$$\frac{\mathrm{d}N_{v_x}}{N} = \left(\frac{m}{2\pi KT}\right)^{\frac{3}{2}} \mathrm{e}^{-\frac{mv_x^2}{2KT}} \mathrm{d}v_x \int_{-\infty}^{+\infty} \mathrm{e}^{-\frac{mv_y^2}{2KT}} \mathrm{d}v_y \int_{-\infty}^{+\infty} \mathrm{e}^{-\frac{mv_z^2}{2KT}} \mathrm{d}v_z \tag{4-9}$$

参考式（4-8）的积分可求出

$$\int_{-\infty}^{+\infty} \mathrm{e}^{-\frac{mv_y^2}{2KT}} \mathrm{d}v_y = \int_{-\infty}^{+\infty} \mathrm{e}^{-\frac{mv_z^2}{2KT}} \mathrm{d}v_z = \left(\frac{2\pi KT}{m}\right)^{\frac{1}{2}} \tag{4-10}$$

将式（4-10）代入式（4-9）得

$$\frac{\mathrm{d}Nv_x}{N} = \left(\frac{2\pi KT}{m}\right)^{\frac{1}{2}} \mathrm{e}^{-\frac{mv_x^2}{2KT}} \mathrm{d}v_x$$

因此，速率分量 v_x 的分布函数为

$$f(v_x) = \frac{\mathrm{d}Nv_x}{N\mathrm{d}v_x} = \left(\frac{m}{2\pi KT}\right)^{\frac{1}{2}} \mathrm{e}^{-\frac{mv_x^2}{2KT}} \tag{4-11}$$

同样可求得 v_y 和 v_z 的分布函数分别为

$$f(v_y) = \frac{\mathrm{d}Nv_y}{N\mathrm{d}v_y} = \left(\frac{m}{2\pi KT}\right)^{\frac{1}{2}} \mathrm{e}^{-\frac{mv_y^2}{2KT}}$$

$$f(v_z) = \frac{\mathrm{d}Nv_z}{N\mathrm{d}v_z} = \left(\frac{m}{2\pi KT}\right)^{\frac{1}{2}} \mathrm{e}^{-\frac{mv_z^2}{2KT}}$$

【例 4-2】 用 Maxwell 速度分布求每秒碰到单位面积器壁上的气体分子数。

【解】 取直角坐标系，在垂直于 x 轴的器壁上取一小块面积 dA，单位体积内的分子数为 n，则单位体积内速度分量 v_x 在 (v_x, v_x+dv_x) 之间的分子数为 $nf(v_x)dv_x$，在所有 v_x 介于 (v_x, v_x+dv_x) 之间的分子中，即在分子数 $nf(v_x)dv_x$ 中在时间 dt 内能与 dA 相碰的分子数只有以 dA 为底、以 $v_x dt$ 为高的柱体内分子，其数目为 $nf(v_x)dv_x \cdot v_x \cdot dt dA$。因此，每秒碰到单位面积器壁上速度分量 v_x 在 (v_x, v_x+dv_x) 之间的分子数为

$$nf(v_x)dv_x = nv_x \left(\frac{m}{2\pi KT}\right)^{\frac{1}{2}} e^{-\frac{mv_x^2}{2KT}} dv_x$$

所以，$v_x < 0$ 的分子显然不会与 dA 相碰，所以将上式从 0 到 ∞ 对 v_x 积分，即求得每秒碰到单位面积上的分子的总数为

$$\int_0^\infty nv_x f(v_x)dv_x = n\left(\frac{m}{2\pi KT}\right)^{\frac{1}{2}} \int_0^\infty e^{-\frac{mv_x^2}{2KT}} v_x dv_x \qquad (4-12)$$

查表可求出

$$\int_0^\infty e^{-\frac{mv_x^2}{2KT}} v_x dv_x = \frac{KT}{m} \qquad (4-13)$$

将式(4-13)代入式(4-12)即得

$$\int_0^\infty nv_x f(v_x)dv_x = n\left(\frac{KT}{2\pi m}\right)^{\frac{1}{2}} \qquad (4-14)$$

由于分子的平均速率为

$$\overline{v} = \sqrt{\frac{8KT}{\pi m}} = \left(\frac{8KT}{\pi m}\right)^{\frac{1}{2}}$$

所以式(4-14)结果可写作

$$\int_0^\infty nv_x f(v_x)dv_x = \frac{1}{4} n\overline{v}$$

第四节 波尔兹曼分布律 重力场中微粒按高度的分布

一、波尔兹曼分布律

前面讨论了不受外力场的作用下对理想气体分子按速率的分布。我们讨论的是分子之间的平均距离足够大，它们之间的相互作用相对于热运动完全可以忽略的不计，从能量的角度来看，分子的动能不断地发生交换，在平衡时，分子按动能有一种新的分布，这就是 Maxwell 分布，如果理想气体处于外力场中，情况就不同了，虽然分子之间相互作用跟它们的热运动相对可以忽略不计，但是由于它们处于外力场中，分子在不断运动中相互碰撞，它们的位能也不断发生变化，就大量分子来说，由于热运动而不断发生碰撞，不但分子的动能发生交换，位能也发生交换。因此，我们应该同时考虑动能和位能的交换，即应该考虑总能量的交换。

所以

$$\frac{dN}{N} = \left(\frac{m}{2\pi KT}\right)^{\frac{3}{2}} e^{-\frac{mv^2}{2KT}} dv$$

或写成：
$$\frac{\mathrm{d}N}{N} = \left(\frac{m}{2\pi KT}\right)^{\frac{3}{2}} \mathrm{e}^{-\frac{m\left(v_x^2 + v_y^2 + v_z^2\right)}{2KT}} \mathrm{d}v_x \mathrm{d}v_y \mathrm{d}v_z$$

且
$$E_K = \frac{1}{2}mv^2$$

所以
$$\mathrm{e}^{-\frac{mv^2}{2KT}} = \mathrm{e}^{-\frac{E_K}{KT}}$$

现在我们不仅考虑动能，也考虑外力场，如整个大气层的重力场就不能忽略，即：
$$E = E_K + E_P$$

所以
$$\mathrm{d}N = n_0 \left(\frac{m}{2\pi KT}\right)^{\frac{3}{2}} \mathrm{e}^{-\frac{E_K + E_P}{KT}} \mathrm{d}v_x \mathrm{d}v_y \mathrm{d}v_z \qquad (4-15)$$

式中 $\mathrm{d}N$ 指的是处在 $(x,\ x+\mathrm{d}x)$，$(y,\ y+\mathrm{d}y)$，$(z,\ z+\mathrm{d}z)$ 这个体积内，而且速度是 $(v_x,\ v_x+\mathrm{d}v_x)$，$(v_y,\ v_y+\mathrm{d}v_y)$，$(v_z,\ v_z+\mathrm{d}v_z)$ 范围内的分子数。n_0 表示在势能为零处单位体积内具有各种速度的分子的总数。

根据式（4-15），在 $E_P = 0$ 处，单位体积内的分子数为
$$N = \int_{-\infty}^{+\infty} n_0 \left(\frac{m}{2\pi KT}\right)^{\frac{3}{2}} \mathrm{e}^{-\frac{E_K + E_P}{KT}} \mathrm{d}v_x \mathrm{d}v_y \mathrm{d}v_z \qquad (v^2 = v_x^2 + v_y^2 + v_z^2)$$
$$= n_0 \left(\frac{m}{2\pi KT}\right)^{\frac{3}{2}} \int_{-\infty}^{+\infty} \mathrm{e}^{-\frac{mv^2}{KT}} \mathrm{d}v$$
$$= n_0 \left(\frac{m}{2\pi KT}\right)^{\frac{3}{2}} \int_{-\infty}^{+\infty} \mathrm{e}^{-\frac{mv_x^2}{KT}} \mathrm{d}v_x \cdot \int_{-\infty}^{+\infty} \mathrm{e}^{-\frac{mv_y^2}{KT}} \mathrm{d}v_y \cdot \int_{-\infty}^{+\infty} \mathrm{e}^{-\frac{mv_z^2}{KT}} \mathrm{d}v_z$$

如果这时势能不为零，在空间某处要计算单位体积内的分子数。则
$$\mathrm{d}N' = \int_{-\infty}^{+\infty} n \left(\frac{m}{2\pi KT}\right)^{\frac{3}{2}} \mathrm{e}^{-\frac{E_K + E_P}{KT}} \mathrm{d}v_x \mathrm{d}v_y \mathrm{d}v_z$$
$$N' = n_0 \left(\frac{m}{2\pi KT}\right)^{\frac{3}{2}} \mathrm{e}^{-\frac{E_P}{KT}} \iiint_{-\infty}^{+\infty} \mathrm{e}^{-\frac{E_K}{KT}} \mathrm{d}v_x \mathrm{d}v_y \mathrm{d}v_z$$
$$= n_0 \mathrm{e}^{-\frac{E_P}{KT}}$$
$$\iiint_{-\infty}^{+\infty} \left(\frac{m}{2\pi KT}\right)^{\frac{3}{2}} \mathrm{e}^{-\frac{E_K}{KT}} \mathrm{d}v_x \mathrm{d}v_y \mathrm{d}v_z = 1$$

是麦克斯韦速率分布率的归一化条件。

从这里可以看出，势能越大，单位体积内的分子数就越少。总之，能量越大，分子越少，反之亦然。

二、大气压随高度变化

在流体力学中，从宏观的角度导出了大气压随高度成指数变化的形式，现在从微观角度推导。假设 g 是一定的，且同温，在地面单位体积内的分子数为 n_0，$P = nKT$，$P_0 = n_0 KT$，$N' = n_0 \mathrm{e}^{-\frac{E_P}{KT}} = n_0 \mathrm{e}^{-\frac{mgz}{KT}}$，在高空某点单位体积内的分子数为
$$n = n_0 \mathrm{e}^{-\frac{mgz}{KT}}$$
$$P = n_0 KT \mathrm{e}^{-\frac{mgz}{KT}} = P_0 \mathrm{e}^{-\frac{mgz}{KT}}$$

大气压随高度做负指数变化。可应用这个公式来判断不同高度处的大气压强

$$z = \frac{KT}{mg} \ln \frac{P_0}{P} = \frac{RT}{\mu g}$$

第五节　能量按自由度均分定理

一、自由度

确定一个物体的位置所需要的独立坐标个数称为自由度。

下面我们举几个实例来分析自由度：

（1）行驶的机车，它只有沿着铁轨运动的可能性，所以只需要 1 个独立的坐标就可以确定机车在铁轨上的位置。

（2）海面上航行的船只，它可以在海面上任意运动，故它有 2 种运动的可能，要确定这只船在海面上的位置，需要 2 个独立的坐标，即 2 个自由度。

（3）空中飞行的飞机，不考虑它的转动时，需要 3 个独立的坐标，如考虑它的转动，给定它的位置，除了飞机质心的 3 个独立坐标外，确定通过质心 G 的轴线 GG' 的方位需要 α，β，ν 3 个方位角的任意 2 个（因为方位角满足 $\cos^2\alpha + \cos^2\beta + \cos^2\nu = 1$ 关系，故只有 2 个独立坐标）。此外，飞机还可以绕 GG' 轴线转动，确定它的位置还需要一个角度 φ，就是说，把飞机当成刚体，它有 6 种运动的可能，所以有 6 个自由度。

对于定点运动的刚体，它有 3 个转动自由度；对于定轴运动的刚体，只有 1 个自由度。

（4）质点的自由度。n 个质点有 $3n$ 个自由度，其中 3 个是平动自由度；3 个是转动自由度，其余 $3n-6$ 是振动自由度。

（5）分子的自由度。

1）单原子分子：有 3 个自由度，3 个都是平动自由度。

2）双原子分子：有 6 个自由度，其中平动自由度 3 个；转动自由度 2 个；一个振动自由度。总之，自由度是由约束而变的。

二、能均分原理

我们从原子的压强推导出

$$E_K = \frac{3}{2} KT = \frac{1}{2} m v^2$$

$$E_K = \frac{1}{2} m (\overline{v}_x^2 + \overline{v}_y^2 + \overline{v}_z^2)$$

而 $\overline{v}_x^2 = \overline{v}_y^2 = \overline{v}_z^2$，因为在平衡态下，大量气体分子沿各自方向运动机会相等。

这样就可以得到一个重要结论

$$\frac{1}{2} m \overline{v}_x^2 = \frac{1}{2} m \overline{v}_y^2 = \frac{1}{2} m \overline{v}_z^2 = \frac{1}{2} KT$$

即分子在每一个平动自由度具有相同的平动动能，即 $\frac{1}{2} KT$，也就是说，分子的平均平动

动能$\dfrac{3}{2}KT$是均匀分配于每个平动自由度。

这个结论可以推广到分子的转动和振动。如果某种气体的分子有 t 个平动自由度，r 个转动自由度，s 个振动自由度，则分子的平均平动能、平均转动能和平均振动能就分别为 $\dfrac{t}{2}KT$、$\dfrac{r}{2}KT$、$\dfrac{s}{2}KT$，而分子的平均总动能为

$$E=\dfrac{1}{2}(t+r+s)KT$$

由振动学可知，谐振动在一个周期内的平均动能和平均势能是相等的，由于分子内原子的振动可近似地看作谐振动，所以对于每一个振动自由度，分子除了具有 $\dfrac{s}{2}KT$ 的平均振动动能外，还具有 $\dfrac{s}{2}KT$ 的平均振动势能。因此，如果分子的振动自由度为 s，则分子的平均振动动能和平均振动势能各应为 $\dfrac{s}{2}KT$，而分子的平均总动能为

$$\overline{E}=\dfrac{1}{2}(t+r+2s)KT$$

三、理想气体的内能

除了上述各种形式的动能和分子内原子的振动势能外，由于分子间存在着相互作用的保守力，所以分子还具有与此相关的势能，所有分子的这些形式的动能和势能的总和，叫做理想气体的内能。

由于分子间的作用力是保守力，且不考虑分子间的作用力。对于一个分子来说平均总内能为

$$\overline{E}=\dfrac{1}{2}(t+r+2s)KT\text{（不考虑分子间的势能）}$$

1mol 气体的分子的内能为

$$u=\mathrm{N_A}\,\dfrac{1}{2}(t+r+2s)KT=\dfrac{1}{2}(t+r+2s)RT$$

任意气体的内能为

$$U=\dfrac{M}{\mu}\dfrac{1}{2}(t+r+2s)RT=\dfrac{1}{2}\dfrac{M}{\mu}(t+r+2s)RT$$

四、理想气体的热容量

1. 几个术语

比热：单位质量的物体升高或降低 1℃时，吸收或放出的热量。用 C 表示。

热容量：$C'=MC$，与质量有关（M 表示物体的质量），所以用起来很不方便。

摩尔热容量：$C'_\mathrm{V}=\mu C$。其中 μ 表示摩尔质量。

对于气体来说，不同的气体热容量一般也不同，不同的过程热容量也不同，如定容和定压的热容量是不一样的。但对于固体、液体影响就不太大。下面来研究理想气体定容热容量。

2. 理想气体定容摩尔热容量

因为
$$dU = dQ, 且 U = \frac{1}{2}(t+r+2s)RT$$

所以
$$dU = \frac{1}{2}(t+r+2s)RdT = dQ$$

根据定义又得：
$$C_V = \frac{dQ}{dT}（摩尔热容量）$$

所以
$$C_V = \frac{dQ}{dT} = \frac{1}{2}(t+r+2s)R$$

这就是理想气体定容摩尔热容量。还可以知道，理想气体的摩尔热容量只与分子的自由度有关，而与气体的温度无关。

对于单原子分子气体：$t+r+2s=3$

所以
$$C_V = \frac{3}{2}R = 3\text{cal} \cdot \text{mol}^{-1} \cdot \text{K}^{-1}$$

对于双原子分子：
$$t+r+2s=7$$

所以
$$C_V = \frac{7}{2}R = 7\text{cal} \cdot \text{mol}^{-1} \cdot \text{K}^{-1}$$

五、经典理论的缺陷

（1）单原子分子气体与实验符合得很好，而双原子分子气体符合得很差。

（2）与温度无关，但实验表面随温度升高，C_V 也变化。

C_V 随温度的变化关系如图 4-5 所示。从图 4-5 中看出：在低温时，只有平动自由度；在中温时，除平动自由度还有转动自由度；在高温时，有平动自由度、转动自由度和振动自由度。

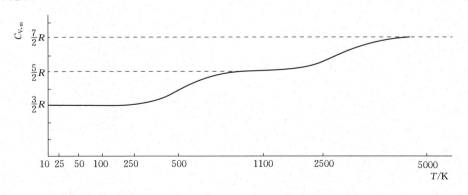

图 4-5　C_V 随温度的变化关系

实际上，理论与实验不符的原因在于上述热容量理论建立在能均分定理之上，而这个定理是以经典概念（能量的连续变化）为基础，对于微观粒子的运动，它遵从量子力学规律，经典概念只在一定的限度内适用。为了说明经典理论的限度，下面简单介绍一下量子理论的结果。根据量子理论分子，平动动能及其对气体热容量的影响可以用能均分定理计算，而振动能和转动能一般则不能。

1. 振动能对热容量的影响

根据量子理论，双原子分子的振动能只能取一系列不连续的值，变化时不能做连续变化，只能做不连续的跳跃式变化。如果把原子的振动看作（近似）谐振动，则振动只能取下列数值

$$E_s = \left(n + \frac{1}{2}\right)h\nu \qquad (n=0，1，2，\cdots)$$

式中　　n——振动量子数，正数；

　　　　h——普朗克常数，$h=6.626176 \times 10^{34} J \cdot s$；

　　　　ν——振动频率，对于不同的气体其值不同。

一般来说，普朗克常数和频率 ν 的乘积约等于波尔兹曼常数 k 的几千倍，也就是说，如果一个分子的振动发生变化，（例如 $n=1$ 状态变化到 $n=2$ 的状态）必须一下供给它几千个 k 的能量，否则就不会发生变化。

但是当气体的温度在几十开（K）以下时，几乎所有分子的动能都只有几十个开（K），所以，在碰撞时就不可能使分子的振动发生变化，因此，这时振动实际上对热容量没有影响。在常温下振动能的影响仍然很小；在高温下，振动能的影响才变得显著，在温度 $T \gg \frac{h\nu}{k}$ 的情形下，根据量子理论计算出的平均振动能近似地等于 KT。即量子理论过渡到经典理论，这时，可应用能均分定理来计算振动能对热容量的贡献。

2. 转动能对热容量的影响

它的影响在性质上与振动能的影响相似，根据量子理论，分子的转动能也只能取一些不连续的值

$$E_r = \frac{h^2 l}{8\pi^2 I}(l+1) \qquad (l=0,1,2,\cdots)$$

式中　　l——转动量子数；

　　　　I——两原子绕质心的转动惯量。

一般来说，$\frac{h^2}{8\pi^2 I}$ 为几十个 k 大小，所以在温度为几个开（K）的情形下，转动能对热容量的影响很小，在几十开（K）时，量子理论就过渡到经典理论。

例如：对于氧气，在 $20k$ 时转动能对 C_V 的贡献就已等于 R，只有氢气，其原子的质量小，转动惯量比其他气体的小几十倍，所以在 40K 时，转动能对 C_V 还无贡献，到 $197k$ 时，C_V 还小于 $\frac{5}{2}R$。

对于多原子气体，情形类似，有时由于分子的振动频率低，在室温下振动能对 C_V 就已有影响。

阅　读　资　料

麦克斯韦（1831—1879），英国物理学家、数学家。10 岁时进入爱丁堡中学学习，14 岁就在爱丁堡皇家学会会刊上发表了一篇关于二次曲线作图问题的论文，已显露出出众的

才华。1847 年进入爱丁堡大学学习数学和物理。1850 年转入剑桥大学三一学院数学系学习，1854 年以第二名的成绩获史密斯奖学金，毕业留校任职两年。1856 年在苏格兰阿伯丁的马里沙耳任自然哲学教授。1860 年到伦敦国王学院任自然哲学和天文学教授。1861 年选为伦敦皇家学会会员。

麦克斯韦（Maxwell）

　　1865 年春辞去教职回到家乡系统地总结他关于电磁学的研究成果，完成了电磁场理论的经典巨著《论电和磁》，并于 1873 年出版。1871 年受聘为剑桥大学新设立的卡文迪什试验物理学教授，负责筹建著名的卡文迪什实验室，1874 年实验室建成后担任这个实验室的第一任主任，直到 1879 年 11 月 5 日在剑桥逝世。科学史上，称牛顿把天上和地上的运动规律统一起来，是实现第一次大综合；麦克斯韦把电、光统一起来，是实现第二次大综合，因此应与牛顿齐名。1873 年出版的《论电和磁》，也被尊为继牛顿《原理》之后的一部最重要的物理学经典。没有电磁学就没有现代电工学，也就不可能有现代文明。

　　普朗克（1858—1947），德国著名的物理学家和量子力学的重要创始人，且和爱因斯坦并称为 20 世纪最重要的两大物理学家。普朗克早期的研究领域主要是热力学，他的博士论文为《论热力学的第二定律》。此后，他从热力学的角度对物质的聚集态的变化、气体与溶液理论等进行了研究。普朗克在物理学上最主要的成就是提出著名的普朗克辐射公

普朗克（M. Planck）

式，创立能量子概念。19 世纪末，人们用经典物理学解释黑体辐射实验的时候，出现了著名的所谓"紫外灾难"。他因发现能量量子化而对物理学的又一次飞跃做出了重要贡献，并在 1918 年荣获诺贝尔物理学奖。

思 考 题

4-1　是否可以说"具有某一速率的分子有多少个"？为什么？速率刚好为最概然速率的分子数与总分子数之比是多少？

4-2　速率分布函数的物理意义是什么？试说明下列各量的物理意义。

(1) $f(v)\mathrm{d}v$　　　　(2) $Nf(v)\mathrm{d}v$　　　　(3) $\int_{v_1}^{v_2} f(v)\mathrm{d}v$

(4) $\int_{v_1}^{v_2} Nf(v)\mathrm{d}v$　　(5) $\int_{v_1}^{v_2} vf(v)\mathrm{d}v$　　(6) $\int_{v_1}^{v_2} Nvf(v)\mathrm{d}v$

4-3　在同一温度下，不同气体分子的平均平动动能相等，就氢分子和氧分子比较，氧分子的质量比氢分子大，是否每个氢分子的速率一定比氧分子的速率大？

4-4　计算气体分子算术平均速度时，为什么不考虑各分子速度的矢量性？

4-5　一定质量的气体，保持容积不变，当温度增加时分子运动得更剧烈，因而平均碰撞次数增多，平均自由程是否也因此而减小？

4-6　如果氢和氦的温度相同，摩尔数也相同，那么，这两种气体的

(1) 平均动能是否相等？

(2) 平均平动动能是否相等？

(3) 内能是否相等？

4-7　推导压强公式的基本思路和主要步骤是什么？

4-8　何谓自由度？单原子分子和双原子分子各有几个自由度？它们是否随温度而变？

4-9　以下各式所表示的物理意义是什么？

(1) $\frac{1}{2}KT$　　　　(2) $\frac{3}{2}KT$　　　　(3) $\frac{1}{2}(t+r+2s)KT$

(4) $\frac{1}{2}(t+r+2s)RT$　　(5) $\frac{M}{\mu}\frac{3}{2}RT$

4-10　A、B 两瓶装有温度相同的氮气，若 $V_A=2V_B$，$P_B=2P_A$，试分析两瓶内氮气的内能是否相同？

4-11　统计规律有何特点？试举几个服从统计规律的自然现象或社会现象的实例。

习　题

4-1　计算 300K 时，氧分子的最概然速率、平均速率和方均根速率。

4-2　计算氧分子的最可几速率，设氧气的温度为 100K、1000K 和 10000K。

4-3　某种气体分子在温度 T_1 时的方均根速率等于温度 T_2 时的平均速率，求 T_2/T_1。

4-4 求 0℃时 1.0cm³ 氮气中速率在 500～501m/s 之间的分子数。

4-5 设氮气的温度为 300℃，求速率在 3000～3010m/s 之间的分子数 ΔN_1 与速率在 1500～1510m/s 之间的分子数 ΔN_2 之比。

4-6 试就下列几种情况，求气体分子数占总分子数的比率：

(1) 速率在区间 v_P～$1.01v_P$ 内。

(2) 速度分量 v_x 在区间 v_P～$1.01v_P$ 内。

(3) 速度分量 v_x、v_y、v_z 同时在区间 v_P～$1.01v_P$ 内。

4-7 根据麦克斯韦速率分布律，求速率倒数的平均值 $\overline{\dfrac{1}{v}}$。

4-8 一容器的器壁上开有一直径为 0.20mm 的小圆孔，容器贮有 100℃的水银，容器外被抽成真空，已知水银在此温度下的蒸汽压为 0.28mmHg。

(1) 求容器内水银蒸汽分子的平均速率。

(2) 每小时有多少克水银从小孔逸出？

4-9 N 个假想的气体分子，其速率分布如图 4-6 所示（当 $v>2v_0$ 时，粒子数为零）。

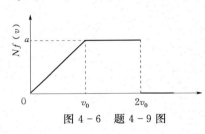

(1) 由 N 和 v_0 求 a。

(2) 求速率在 $1.5v_0$ 到 $2.0v_0$ 之间的分子数。

(3) 求分子的平均速率。

4-10 有 N 个粒子，其速率分布函数为：

$$f(v)=\frac{\mathrm{d}N}{N\mathrm{d}v}=C(v_0>v>0)$$

$$f(v)=0(v_0<v)$$

图 4-6 题 4-9 图

(1) 作速率分布曲线。

(2) 由 N 和 v_0 求常数 C。

(3) 求粒子的平均速率。

4-11 总分子数为 N 的气体分子有如图 4-7 所示的速率分布，试求：

(1) 最概然速率。

(2) a，若已知 N 和 v_1。

(3) 平均速率。

(4) 速率大于 $v_1/2$ 的分子数。

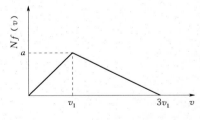

图 4-7 题 4-11 图

4-12 证明：麦克斯韦速率分布函数可以写作：

$$\frac{\mathrm{d}N}{\mathrm{d}x}=F(x^2)$$

其中：$x=\dfrac{v}{v_P},v_P=\sqrt{\dfrac{2KT}{m}},F(x^2)=\dfrac{4N}{\sqrt{\pi}}x^2\cdot\mathrm{e}^{-x^2}$。

4-13 设气体分子的总数为 N,试证明速度的 x 分量大于某一给定值 v_x 的分子数为

$$\Delta N_{v_x\sim\infty}=\frac{N}{2}\big[1-erf(x)\big]$$

提示：速度的 x 分量在 0 到 ∞ 之间的分子数为 $\frac{N}{2}$。

4-14 在图 4-6 所示的实验装置中，设铋蒸汽的温度为 $T=827K$，转筒的直径为 $D=10cm$，转速为 $\omega=200\pi rad/s$，试求铋原子 Bi 和 Bi_2 分子的沉积点 P′ 到 P 点（正对着狭缝 s_3）的距离 s，设铋原子 Bi 和 Bi_2 分子都以平均速率运动。

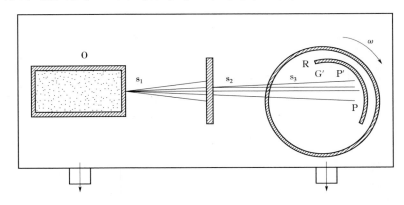

图 4-8 题 4-14 图

4-15 飞机的起飞前机舱中的压力计批示为 1.0atm，温度为 300K；起飞后压力计指示为 0.80atm，温度仍为 300K，试计算飞机距地面的高度。

4-16 上升到什么高度处大气压强减为地面的 75%？设空气的温度为 0℃。

4-17 设地球大气是等温的，温度为 $t=5.0℃$，海平面上的气压为 $P_0=750mmHg$，测得某山顶的气压 $P=590mmHg$，求山高。已知空气的平均分子量为 28.97。

4-18 根据麦克斯韦速度分布律，求气体分子速度分量 v_x 的平均值，并由此推出气体分子每一个平动自由度所具有的平动动能。

4-19 温度为 27℃ 时，1mol 氧气具有多少平动动能？多少转动动能？

4-20 在室温 300K 下，1mol 氢和 1mol 氦的内能各是多少？1g 氢和 1g 氦的内能各是多少？

4-21 求常温下质量为 $M_1=3.00g$ 的水蒸气与 $M_2=3.00g$ 的氢气的混合气体的定容比热容。

4-22 气体分子的质量可以由定容比热算出来，试推导由定容比热计算分子质量的公式。设氦的定容比热 $C_V=75Cal \cdot kg^{-1} \cdot K^{-1}$，求氦原子的质量和氦的原子量。

4-23 某种气体的分子由四个原子组成，它们分别处在正四面体的四个顶点：

(1) 求这种分子的平动、转动和振动自由度数。

(2) 根据能均分定理求这种气体的定容摩尔热容量。

第五章 气体内的输运过程

本章主要对黏滞现象、扩散现象、热传导现象三种输运现象的宏观规律和相应的微观物理图像解释。难点是输运过程的微观解释，而克服难点的途径在于一开始使学生确切掌握碰撞频率和平均自由程的概念，以及简化物理图像的叙述。

前面我们讨论的都是在平衡态下气体的性质和宏观规律，但是在实际过程中我们碰到的问题往往都牵涉气体在非平衡态下的变化过程。例如：当气体各处的密度不均匀时发生的扩散现象。温度不均匀时发生的热传导现象，以及各层流速不同时发生的黏滞现象，这些都是由非平衡态趋向平衡态的变化过程，我们将这三种过程统称为输运过程。研究输运过程时必须考虑到分子之间相互作用对运动情况的影响，也就是说分子间的碰撞机构。为此，在本章中我们将分子看作钢球，将分子间碰撞和机构简化为钢球的弹性碰撞，从而引入平衡自由程的概念。在引入这种简化模型的基础上，从分子论的观点推导出输运过程的基本规律，并确定扩散系数、导热系数和黏滞系数等宏观常数与一些反映气体结构的参量之间的关系。这里要注意一点：用平均自由程的方法处理输运过程是不够严格的，所得的结果也不够准确，但是这种简单理论却能把输运过程的物理实质显示得比较清楚，而且还能给出一些与实验近似符合的重要结论。

第一节 气体分子的平均自由程

一、分子的平均自由程和碰撞频率

在室温下，气体分子平均以每秒几百米的速率运动着，如此看来，气体中的一切过程好像都应该在一瞬间完成，但实际情况并非如此，气体的扩散过程进行得相当慢，气体的传热过程也需要一定的时间。为什么会出现过程矛盾呢？这是由于分子由一处移到另一处的过程中，将不断地与其他分子碰撞，结果只能迂回地折线前进。气体的扩散、热传导等过程进行的快慢都取决于分子间碰撞的频繁程度。

碰撞问题的研究，对于气体的扩散、热传导和黏滞现象的讨论具有主要意义。自由程从单个分子来讲是偶然的，但是一个分子进入大量的偶然事件，就有一个统计规律。

1. 平均自由程

分子在连续两次碰撞之间所通过的自由路程的平均值，称为平均自由程，以 $\bar{\lambda}$ 表示。

2. 碰撞频率

每个分子平均在单位时间内与其他分子碰撞的次数，称为碰撞频率，以 Z 表示。

$\bar{\lambda}$ 和的 Z 的大小显然反映了分子间碰撞的频繁程度。在 z 一定时，碰撞频繁，Z 越大，$\bar{\lambda}$ 越小。如果用 $\bar{v}$ 表示分子的平均速率，则在任意时间 t 内，分子所通过的路程为 $\bar{v}t$，而

分子的碰撞次数，也就是整个路程被折成的段数 Zt，因此根据定义平均自由程为

$$\bar{\lambda}=\frac{\bar{v}t}{Zt}=\frac{\bar{v}}{Z} \tag{5-1}$$

那么 $\bar{\lambda}$ 和 Z 与气体的哪些性质和状态有关呢？

为了确定 z，我们设想有一个分子 A，为了计算简单，我们假设每个分子都是有效直径为 d 的圆球，并且设只有一个分子以平均速率 v 运动，而其他分子都静止不动。如果我们能够计算在 1s 内，这个分子与多少个其他分子碰撞，就可以确定 z。如果分子之间距离 $r>d$，分子就不发生碰撞，$r \leqslant d$ 分子会发生碰撞。因此我们设想以 A 的中心运动轨迹为轴线，以分子的有效直径 d 为半作一个曲折的圆柱体，显然圆柱体的截面积 $\sigma=\pi d^2$。在时间 t 内，A 的路程为 $\bar{v}t$，相应的圆柱体的体积为 $\sigma \bar{v}t$。如果 n 为气体单位体积内的分子数，则在此圆柱体内的总分子数即 A 与其他分子的碰撞次数为 $n\sigma \bar{v}t$。所以碰撞频率为

$$\bar{z}=\frac{n\sigma \bar{v}t}{t}=\sigma \bar{v}n \tag{5-2}$$

注意：这里 A 的速率是个相对速率，为了与平均速率加以区别，用 $\bar{u}$ 表示，则式（5-2）变为

$$\bar{z}=\sigma \bar{u}n$$

利用 Maxwell 速度分布可以证明，气体分子的平均相对速率 $\bar{u}$ 与平均速率 $\bar{v}$ 之间存在下列关系：

$$\bar{u}=\sqrt{2}\bar{v} \tag{5-3}$$

把式（5-3）代入式（5-2），得

$$Z=\sqrt{2}\sigma \bar{v}n=\sqrt{2}\pi d^2 \bar{v}n \tag{5-4}$$

将式（5-4）代入式（5-1）就可以得到平均自由程为

$$\bar{\lambda}=\frac{1}{\sqrt{2}\sigma n}=\frac{1}{\sqrt{2}\pi d^2 n} \tag{5-5}$$

这说的平均自由程与分子有效直径 d 的平方及单位体积内的分子数 n 成反比，而与平均速率无关。

因为

$$P=nkT$$

所以式（5-5）可写作

$$\bar{\lambda}=\frac{kT}{\sqrt{2}\sigma n}=\frac{kT}{\sqrt{2}\pi d^2 P} \tag{5-6}$$

这说明，当温度恒定时，平均自由程与压强成反比。

二、分子按自由程的分布

分子在任意两次连续碰撞而通过的自由程有长有短，有的比平均自由程 $\bar{\lambda}$ 长，反之亦然。现在我们研究一下，在全部分子中，自由程介于任一给定长度区间（x，$x+dx$）内的分子有多少。即分子按自由程的分布。

设想在某一时刻考虑一组分子，共 N_0 个。它们在以后的运动中将与组外的其他分子相碰，每发生一次碰撞，这组的分子就减少一个。设这组分子通过路程 x 时还剩下 N

个，而下一个路程 dx 上，又减少了 dN 个。我们下面来确定 N 和 dN，设分子的平均自由程 $\bar{\lambda}$，则在单位长度的路程上，每个分子碰撞 $1/\bar{\lambda}$ 次。在长度为 dx 的路程上，每个分子平均碰撞 $dx/\bar{\lambda}$，而 N 个分子在 dx 长的路程上平均应碰撞 $Ndx/\bar{\lambda}$，因此分子数减少量为

$$-dN = \frac{1}{\bar{\lambda}}Ndx \tag{5-7}$$

取不定积分，即得

$$\ln N = -\frac{x}{\bar{\lambda}} + C \tag{5-8}$$

C 为积分常数，按假设，当 $x=0$ 时，$N=N_0$ 代入式（5-8）可求得 $\ln N_0 = C$

这样式（5-8）就可以写作

$$\ln \frac{N}{N_0} = -\frac{x}{\bar{\lambda}}$$

将对数式化为指数式，可得

$$N = N_0 e^{-\frac{x}{\bar{\lambda}}} \tag{5-9}$$

式中 N——N_0 个分子中自由程大于 x 的分子数。

将式（5-9）代入式（5-7）中，即得：

$$-dN = \frac{1}{\bar{\lambda}}N_0 e^{-\frac{x}{\bar{\lambda}}}dx \tag{5-10}$$

显然，dN 就表示自由程介于 $(x, x+dx)$ 内的分子数。式（5-9）和式（5-10）就是分子按自由程分布的规律。

【例 5-1】 在 N_0 个分子中，自由程大于和小于 $\bar{\lambda}$ 的分子数共有多少？

【解】 已知 $x=\bar{\lambda}$，代入式（5-9）即可求出自由程大于 $\bar{\lambda}$ 的分子数为 $N = N_0 e^{-1} = N_0/2.7 \approx 0.37N_0$

自由程小于 $\bar{\lambda}$ 的分子数则为

$$N' = N_0 - N = 0.63N_0$$

第二节　输运过程的宏观规律

一、黏滞现象的宏观规律

设气体平行于 xOy 平面沿 y 轴方向流动，流速 v 随 z 逐渐加大。如在 $z=z_0$ 处垂直于 z 轴作截面将气体分为 A、B 两部分，则 A 部将施予 B 部平行于 y 轴负方向的力，而 B 部将施予 A 部大小相等方向相反的力，如以 f 表示 A、B 两部分相互作用的黏滞力的大小，以 dS 表示所取的截面。以 $\left(\dfrac{du}{dz}\right)_{z_0}$ 表示截面所在处的速度梯度，则

$$f = \eta \left(\frac{du}{dz}\right)_{z_0} dS \tag{5-11}$$

式中 η——黏滞系数，与气体的性质和状态有关，单位为 $N \cdot s \cdot m^{-2}$。

式（5-11）叫做牛顿（Newton）黏滞定律。

从效果上看，黏滞力的作用使 B 部分的流动量减小。使 A 部分的流动量加大。如以 dk 所用的时间 dt 通过截面积 dS 沿 z 轴方向输送过程，即由 A 部分传递给 B 部的动量，则根据动量定理，式（5-11）可写成

$$\mathrm{d}k = -\eta \left(\frac{\mathrm{d}u}{\mathrm{d}z}\right)_{z_0} \mathrm{d}S\mathrm{d}t \qquad (5-12)$$

因为动量是沿着流速减小的方向输送的，若 $\left(\dfrac{\mathrm{d}u}{\mathrm{d}z}\right)>0$，则 d$k<0$，而 η 总是正的，所以应加负号。

二、热传导现象

用 dQ 表示在时间 dt 内通过 dS 沿 z 轴方向传递的热量，以 $\left(\dfrac{\mathrm{d}T}{\mathrm{d}z}\right)_{z_0}$ 表示 dS 所在处的温度梯度，则热传导的基本规律可写为

$$\mathrm{d}Q = -\kappa \left(\frac{\mathrm{d}T}{\mathrm{d}z}\right)_{z_0} \mathrm{d}S\mathrm{d}t \qquad (5-13)$$

式中　κ——气体的导热系数，其单位为 $W \cdot m^{-1} \cdot K^{-1}$，负号表示热量沿温度减小的方向
　　　　输送。

式（5-13）叫傅里叶（Fourier）定律。

三、扩散现象

$$\mathrm{d}M = -D \left(\frac{\mathrm{d}\rho}{\mathrm{d}z}\right)_{z_0} \mathrm{d}S\mathrm{d}t \qquad (5-14)$$

式中　$\left(\dfrac{\mathrm{d}\rho}{\mathrm{d}z}\right)_{z_0}$——$z=z_0$ 处的密度梯度；

　　　　D——气体的扩散系数，单位为 $m^2 \cdot s^{-1}$，负号的意义同前。

式（5-14）叫胡克定律。

由以上讨论可见，三种情况具有共同的宏观特性，都是由于气体内部存在着一定的均匀性（三式中右端的梯度正是对这些不均匀性的定量描写，而各式中的左端表示的都是消除这些不均匀性的倾向）。因此，从定性的意义上讲，这些现象都是从各个不同的方面表示出气体趋向于各处均匀一致的特性。

第三节　输运过程的微观解释

气体内部能够发生输运过程的因素：热运动、分子之间的碰撞。

一、黏滞现象的微观解释

从分子运动论的观点来看，当气体流动时，每个分子除了具有热运动动量外，还附加有定向运动动量。如果用 m 表示气体的质量，v 表示分子的流速，则每个分子定向运动的

动量为 mv。按照前面的假设，气体的流速沿 z 轴的正方向增大，所以截面 dS 以下 A 部分子的定向动量小，而 B 部分子的定向动量大，由于热运动，A，B 两部的分子不断地交换动量，A 部分子带着较小的定向动量能够输运到 B 部。同理，B 部分子带着较大的定向动量能够输运到 A 部，结果 A 部总是流动动量增大，而 B 部的则减小，其效果在宏观上就相当于 A、B 两部互施黏滞力，因此，黏滞现象是气体内定向动量输运的结果。

为了推导出黏滞现象的微观规律，我们来计算在一瞬时间 dt 内由于热运动和碰撞所引起的定向动量的输运，在时间 dt 内，沿 z 轴正方向疏远的总动量 dK 就等于 A、B 两部分在这瞬时间内交换的分子对数乘以每交换一对分子所引起的动量改变。

（1）计算在时间 dt 内，由 A 部通过 dS 面移动到 B 部的分子数。实际上，A 部的分子是沿着一切可能的方向移动到 B 部的。为了使计算简单，我们根据分子热运动的无规律性作一个简化假设：设分子等分成三部，使其分别沿 x、y、z 轴运动，显然，每一部向正、负方向运动的各占一半，即包含在任一体积内的所有分子中，平行于 z 轴向上运动的占总分子数的 1/6，为了求出在时间 dt 内通过 dS 面的分子数，我们可用 dS 为底，作一高度为 $\overline{v}t$ 的柱体。显然在任一时刻，在这个柱体内平行于 z 轴向上运动的分子，经过时间 dt 后都通过 dS。它们的数目就等于包含在这个柱体内的总分子数的 1/6，如果用 n 表示单位体积内的分子数，则在 dt 内由 A 部通过 dS 处到 B 部的分子数等于

$$dN = \frac{1}{6} n \overline{v} dS dt \qquad (5-15)$$

由于气体各部分具有相同的温度、分子数和密度，所以根据同样的道理，在这瞬时间内由同样多的分子数由 B 部移到 A。即 A、B 两部交换的分子数目相同，因此在 dt 内通过 dS 面交换的分子数就为 $\frac{1}{6} n \overline{v} dS dt$。

（2）计算 A、B 两部每交换一对分子所输运的动量。由于 A、B 两部分子的定向动量不同，所以每交换一对分子，A 部就得到一定的动量，B 部就失去一定的动量，如果用 dK 表示交换一对分子沿 z 轴正向输运的动量，则

$$dK = （A 部分子的定向动量）-（B 部分子的定向动量） \qquad (5-16)$$

根据给定的条件，流速是沿 z 轴正方向逐渐增大的，所以不论对 A 部或 B 部来说，处在不同气层内的分子定向动量仍然是不同的。因此，具体计算出 dK，就必须解决一个问题，由 A 部移到 B 部的分子具有的定向动量的大小。

为此我们依靠一个基本的简化假设，即分子受一次碰撞就被完全"同化"根据假设，我们可以认为 A、B 两部所交换的分子具有通过 dS 面最后一次受碰撞的定向动量。显然各个分子通过 dS 面的距离为平均自由程 $\overline{\lambda}$，因此可以将式（5-16）写作

$$dK = mv_{z_0-\overline{\lambda}} - mv_{z_0+\overline{\lambda}} \qquad (5-17)$$

式中　$v_{z_0-\overline{\lambda}}$、$v_{z_0+\overline{\lambda}}$——气体在 $z = z_0 - \overline{\lambda}$ 和 $z = z_0 + \overline{\lambda}$ 处的流速。

如果以 $\left(\dfrac{dv}{dz}\right)_{z_0}$ 表示 $z = z_0$ 处的速度梯度。显然

$$v_{z_0-\bar{\lambda}}-v_{z_0+\bar{\lambda}}=-2\bar{\lambda}\left(\frac{\mathrm{d}v}{\mathrm{d}z}\right)_{z_0}$$

代入式（5-17），即得

$$\mathrm{d}K=-m\cdot 2\bar{\lambda}\left(\frac{\mathrm{d}v}{\mathrm{d}z}\right)_{z_0} \tag{5-18}$$

将式（5-12）和式（5-18）两式相乘，就得出在时间 $\mathrm{d}t$ 内通过 $\mathrm{d}S$ 面沿 z 轴正方向输运的总动量

$$\begin{aligned}\mathrm{d}K&=-\frac{1}{3}nm\,\bar{v}\,\bar{\lambda}\left(\frac{\mathrm{d}v}{\mathrm{d}z}\right)_{z_0}\mathrm{d}t\mathrm{d}S\\&=-\frac{1}{3}\rho\,\bar{v}\,\bar{\lambda}\left(\frac{\mathrm{d}v}{\mathrm{d}z}\right)_{z_0}\mathrm{d}t\mathrm{d}S\end{aligned} \tag{5-19}$$

式中 ρ——气体的密度 $\rho=nm$。

这样，我们就从分子运动论的观点导出了黏滞现象的规律，将式（5-12）与式（5-19）相比较，可以得到

$$\eta=\frac{1}{3}\rho\,\bar{v}\,\bar{\lambda} \tag{5-20}$$

二、热传导现象的微观解释

从分子论的观点来讲，A 部的温度低，分子的平均热运动能量小，由于热运动 A、B 两部不断交换分子，结果使一部分热运动能量从 B 部输运到 A 部，这就形成宏观上的热量传递，用上述类似的方法可以推导出热传导的宏观规律。设 A 部的温度为 T_A，B 部的温度为 T_B，在温差不很大的情况下，近似可以认为 $n_A\bar{v}_A=n_B\bar{v}_B=n\bar{v}$。因此，在 $\mathrm{d}t$ 内通过 $\mathrm{d}S$ 面，A、B 两部交换的分子对数为 $\frac{1}{6}n\bar{v}\mathrm{d}S\mathrm{d}t$。根据能量均分定理，A 部分子的平均热运动的能量为 $\frac{1}{2}(t+r+2s)kT_A$

B 部分子的平均热运动能量为 $\frac{1}{2}(t+r+2s)kT_B$。因此，每交换一对分子，沿 z 轴方向输运的能量为 $\frac{1}{2}(t+r+2s)kT_A-\frac{1}{2}(t+r+2s)kT_B$

而在时间 $\mathrm{d}t$ 内通过 $\mathrm{d}S$ 面输运的总能量，即沿 z 轴正方向传递的热量为

$$\mathrm{d}Q=\frac{1}{6}n\bar{v}\mathrm{d}S\mathrm{d}t\frac{(t+r+2s)}{2}k\,(T_A-T_B)$$

用温度梯度来表示温度差，则

$$T_A-T_B=-2\lambda\left(\frac{\mathrm{d}T}{\mathrm{d}z}\right)_{z_0}$$

与热传导的宏观规律式（5-18）相比，可得导热系数为

$$\kappa=\frac{1}{3}n\bar{v}\bar{\lambda}\frac{(t+r+2s)}{2}k \tag{5-21}$$

已经知道，气体的定容热容量为

$$C_V'=\frac{\mathrm{d}U}{\mathrm{d}T}=\frac{1}{2}(t+r+2s)Nk$$

而定容比热为

$$C_V = \frac{C'_V}{M} = \frac{(t+r+2s)Nk/2}{M}$$

式中　M——气体的质量；

　　　N——分子数。

代入式（5-21）可得导热系数为

$$\kappa = \frac{1}{3}\rho\,\bar{v}\,\bar{\lambda}\,C_V \tag{5-22}$$

三、扩散现象的微观解释

从分子运动轮的观点来看，A 部的密度小，单位体积内的分子数少。B 部的密度大，单位体积内的分子数多。因此，在相同的时间内由 A 部移向 B 部的分子少，反之亦然。这就形成了宏观上物质的输运，从而引起扩散现象。参照上面的内容，可以确定在时间 dt 内通过 dS 面沿 z 轴方向输运的气体的质量为

$$
\begin{aligned}
dM &= m dt\left(\frac{1}{6}n_A\bar{v}dSdt - \frac{1}{6}n_B\bar{v}dSdt\right)\\
&= \frac{1}{6}\bar{v}dSdt(\rho_A - \rho_B)\\
&= -\frac{1}{6}\bar{v}dSdt \cdot 2\bar{\lambda}\left(\frac{d\rho}{dz}\right)_{z_0}\\
&= -\frac{1}{3}\bar{v}\bar{\lambda}\left(\frac{d\rho}{dz}\right)_{z_0}dSdt
\end{aligned}
\tag{5-23}
$$

将式（5-23）与宏观规律式（5-14）相比，可得扩散系数为

$$D = \frac{1}{3}\bar{v}\bar{\lambda} \tag{5-24}$$

阅　读　资　料

傅里叶（1768—1830），法国著名数学家、物理学家，主要贡献是在研究热的传播时创立了一套数学理论。傅里叶早在 1807 年就写成关于热传导的基本论文《热的传播》，向巴黎科学院呈交，但被拒绝。他于 1811 年又提交了经修改的论文，获科学院大奖，却未正式发表。傅里叶在论文中推导出著名的热传导方程，并在求解该方程时发现解函数可以由三角函数构成的级数形式表示，从而提出任一函数都可以展开成三角函数的无穷级数。傅里叶级数、傅里叶分析等理论均由此创始。

傅里叶由于对传热理论的贡献于 1817 年当选为巴黎科学院院士。1822 年，傅里叶终于出版了专著《热的解析理论》。这部经典著作将欧拉、伯努利等人在一些特殊情形下应用的三角级数方法发展成内容丰富的一般理论，三角级数后来就以傅里叶的名字命名。傅里叶应用三角级数求解热传导方程，为了处理无穷区域的热传导问题又导出了当前所称的"傅里叶积分"，这一切都极大地推动了偏微分方程边值问题的研究。

傅里叶（Fourier）

思　考　题

5-1　何谓自由程和平均自由程？平均自由程与气体的状态以及分子本身的性质有何关系？在计算平均自由程时，哪里体现了统计平均？

5-2　容器内贮有一定量的气体，保持容积不变，使气体的温度升高，则分子的碰撞频率和平均自由程各怎样变化？

5-3　用哪些方法可使气体分子的平均碰撞频率减少？用哪些方法可使分子的平均自由程增大？这种增大有没有一个限度？

5-4　一定质量的气体，保持容积不变，当温度增加时分子运动得更剧烈，因而平均碰撞次数增多，平均自由程是否也因此而减小？

5-5　用微观理论推导黏性定律及黏性系数公式所采用的基本观点和方法是什么？推导中经过哪几个步骤？

5-6　在讨论扩散问题时，为什么要用分子质量相等、分子大小差不多的两种气体进行相互扩散？不满足此条件可以进行扩散吗？

5-7　为什么在日光灯管中为了使汞原子易于电离而对灯管抽真空？为什么大气中的电离层出现在离地面很高的大气层中？

5-8　容器内贮有1mol的气体，设分子的平均碰撞频率为$\overline{Z}$，试问容器内所有分子在1s内平均相碰的总次数是多少？

习　　题

5-1　氢气在1.0atm，15℃时的平均自由程为1.18×10^{-7}m，求氢分子的有效直径。

5-2　氮分子的有效直径为3.8×10^{-10}m，求其在标准状态下的平均自由程和连续两次碰撞间的平均时间。

5-3　氧分子的有效直径为3.6×10^{-10}m，求其碰撞频率，已知：

(1) 氧气的温度为300K，压强为1.0atm。

（2）氧气的温度为 300K，压强为 1.0×10^{-6} atm。

5-4　某种气体分子在 25℃时的平均自由程为 2.63×10^{-7} m。

（1）已知分子的有效直径为 2.6×10^{-10} m，求气体的压强。

（2）求分子在 1.0m 的路程上与其他分子的碰撞次数。

5-5　试估计宇宙射线中质子抵达海平面附近与空气分子碰撞时的平均自由程。设质子直径为 10^{-15} m，宇宙射线速度很大。

5-6　求氦原子在其密度 2.1×10^{-2} kg/m³，原子的有效直径 $d = 1.9 \times 10^{-10}$ m 的条件下的平均自由程 $\bar{\lambda}$。

5-7　若在 1.0atm 下，氧分子的平均自由程为 6.8×10^{-8} m，在什么压强下，其平均自由程为 1.0mm？设温度保持不变。

5-8　电子管的真空度为 1.333×10 Pa，设空气分子有效直径为 3.0×10 m，求 27℃时空气分子的数密度、平均自由程和碰撞频率。

5-9　测得温度 15℃和压强 76cm Hg 时氩原子和氖原子的平均自由程分别为 $\lambda_{Ar} = 6.7 \times 10^{-8}$ m 和 $\lambda_{Ne} = 13.2 \times 10^{-8}$ m，试问：

（1）氩原子和氖原子的有效直径各为多少？

（2）20℃和 15cm Hg 时，λ_{Ar} 为多大？

（3）−40℃和 75cm Hg 时，λ_{Ne} 为多大？

5-10　在气体放电管中，电子不断与气体分子相碰撞，因电子的速率远远大于气体分子的平均速率，所以后者可以认为是静止不动的。设电子的"有效直径"比起气体分子的有效直径 d 来可以忽略不计。

（1）电子与气体分子的碰撞截面 σ 为多大？

（2）证明：电子与气体分子碰撞的平均自由程为 $\lambda_e = \dfrac{1}{\sigma n}$，$n$ 为气体分子的数密度。

5-11　今测得氮气在 0℃时的黏滞系数为 16.6×10^{-6} N·s·m⁻²，试计算氮分子的有效直径，已知氮的分子量为 28。

5-12　今测得氮气在 0℃时的导热系数为 23.7×10^{-3} W·m⁻¹·K⁻¹，定容摩尔热容为 20.9J·mol⁻¹·K⁻¹，试计算氮分子的有效直径。

5-13　在标准状态下，氧的扩散系数为 1.9×10^{-5} m²/s，求氧分子的平均自由程 λ 和分子有效直径 d。

5-14　已知氦气和氩气的原子量分别为 4 和 40，它们在标准状态下的黏滞系数分别为 $\eta_{He} = 18.8 \times 10^{-6}$ N·s·m⁻² 和 $\eta_{He} = 21.0 \times 10^{-6}$ N·s·m⁻²，求：

（1）氩分子与氦分子的碰撞截面之比。

（2）氩气与氦气的导热系数之比。

（3）氩气与氦气的扩散系数之比。

5-15　一长为 2m，截面积为 10^{-4} m² 的管子贮有标准状态下的二氧化碳，一半二氧化碳分子中的 C 原子是放射性同位素 ^{14}C，在 $t = 0$ 时，二氧化碳分子的平均自由程是 4.9×10^{-6} cm，放射性分子密集在管子左端，其分子数密度沿着管子均匀地减小，到右端减为零。

（1）开始时，放射性气体的密度梯度是多少？

（2）开始时，每秒有多少个放射性分子通过管子中点的横截面从左侧移往右侧？

（3）有多少个从右侧移往左侧？

（4）开始时，每秒通过管子截面扩散的放射性气体为多少克？

5-16　将一圆柱沿轴悬挂在金属丝上，在圆柱体外面套上一个共轴的圆筒，两者之间充以空气。当圆筒以一定的角速度转动时，由于空气的黏滞作用，圆柱体将受到一个力矩 M。由悬丝的扭转程度可测定此力矩，从而求出空气的黏滞系数。设圆柱体的半径为 R，圆筒的半径为 $R+\delta$（$\delta \ll R$），两者的长度均为 L，圆筒的角速度为 ω，试证明：$M=2\pi\eta R^3 L\omega/\delta$，$\eta$ 是待测的黏滞系数。

5-17　两个长为 100cm，半径分别为 10.0cm 和 10.5cm 的共轴圆筒套在一起，其间充满氢气，若氢气的黏滞系数为 $\eta=8.7\times10^{-6}\mathrm{N\cdot s\cdot m^{-2}}$，问外筒的转速多大时才能使不动的内筒受到 $1.07\times10^{-3}\mathrm{N}$ 的力？

5-18　两个长圆筒共轴套在一起，两筒的长度均为 L，内筒和外筒的半径分别为 R_1 和 R_2，内筒和外筒分别保持在恒定的温度 T_1 和 T_2，且 $T_1 > T_2$，已知两筒间空气的导热系数为 κ，试证明每秒由内筒通过空气传到外筒的热量为：

$$Q=\frac{2\pi\kappa L}{\ln R_2/R_1}\cdot(T_2-T_1)$$

第六章　热力学的第二定律

本章的内容主要是运用宏观观点和方法来研究热现象的基本规律。

热力学第一定律反映了自然界的一些规律性，但不是完全的，因为它仅仅指出在任何热力学过程中，能量必须守恒，对过程没有给出任何限制。热力学第二定律是与热力学第一定律有着本质区别的不同规律性，它指出了与热现象有关的变化过程可能进行的方向和达到平衡的必要条件。热力学第一定律和第二定律共同构成了热力学的主要理论基础。

第一节　热力学第二定律的两种表达形式

一、开尔文表述

由著名的英国物理学家开尔文于 1851 年提出：不可能从单一的热源吸收热量，使它完全变成有用的功，而不产生"其他影响"。

应该指出在开尔文表述中要特别注意以下两点：

（1）单一热源是指温度均匀一致的热源，若热源不是单一热源，工作物质就可以由热源中温度较高的一部分吸收热而往热源中温度较低的另一部分放热，这样实际上就相当于两个热源。

（2）所谓"其他影响"，是这除了从单一热源吸收并把它用来做功以外的其他任何影响，如果有其他变化发生，那么由单一热源吸取的热量全部变为有用的功是可能的。例如在理想气体的恒温膨胀过程中由于内能不变，也让气体从热源吸取的热量完全变为对外做功，但是这时却产生了其他的影响，如气体的体积增大，压强减小。另外在这里所说的功具有普遍意义，不仅包括机械功（即能化为机械功而且也包括电磁功等）。

能从单一热源吸取热量并将它完全变为有用功而不产生其他影响的热机叫做第二类永动机。所以热力学第二定律的开尔文表述也可表述为第二永动机是不可能造成的。

如果第二永动机能制造成，那么人类就可以无止境地利用海洋能源，因为海水降低 1℃，放出的热量相当于 10^{14} t 煤所放出的热量，但这是不可能的。

二、克劳修斯表述

由德国物理学家和数学家，热力学的主要奠基人——鲁道夫·尤利乌斯·埃马努埃尔·克劳修斯（Rudolf Julius Emanuel Clausius，1822 年 1 月 2 日至 1888 年 8 月 24 日）于 1850 年提出：不可能把热量从低温物体传到高温物体而不引起其他变化。

（1）可以从高温传到低温，这种传递是自动发生的，周围不产生影响。

（2）低温向高温，这也是可能的。如冰箱、制冷机，但它并不是自动的，必须加上一定的能量，使它做功。

三、两种表述的一致性

两种表述在表面上看很不相同，但实质上是等效的。下面我们用反证法来证明两种表述的一致性。

（1）证明：如果开尔文表述不成立，则克劳修斯表述也不成立。

证明过程如图 6-1 所示，由高温 T_1 和低温 T_2 两个恒温热源，设计一个卡诺热机，它可以从高温热源 T_1 吸取热量 Q_1，并使之全部转化为有用的功 A，而不产生其他影响。

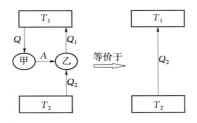

图 6-1　证明过程

现在，用这个热机输出的功 A 去驱动 T_1 和 T_2 这两个热源间工作的另一个卡诺制冷机，使它在一循环中从低温热源 T_2 吸收热量 Q_2，向高温热源 T_1 放出热量 $Q_1 = Q_2 + A = Q_2 + Q$，这样总的效果是除了工作物体从 T_2 吸收 Q_2 而向 T_1 放出 Q_2 之外无其他变化。这样就证明了从低温 T_2 处吸收热量向高温处放热而不产生其他影响也是可以的，而这就违背了克劳修斯表述，说明我们假定开尔文表述不成立是错误的。

（2）如果克劳修斯表述不成立，则开尔文表述也不成立。

证明：用反证法。如果克劳修斯表述不成立，则热量可以从低温物体自动传到高温物体，因而可以设计一个卡诺热机，工作于 T_1 和 T_2 这两个热源之间，卡诺热机工作情况如图 6-2 所示，从高温热源吸取热量 Q_1，向低温热源放出热量 Q_2，同时对外做功 A。我们使 Q_2 自动传到高温热源。经过一个循环后，总的效果是从高温热源 T_1 吸取热量 Q_1 并全部用来对外做功，低温热源状态不变。这相当于是从单一热源吸取热量对外做功，而对外不产生其他影响，这违背开尔文表述。所以克劳修斯表述若不成立，则开尔文表述也不成立。

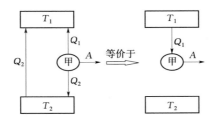

图 6-2　卡诺热机工作情况

第二节　热现象过程的不可逆性

一、可逆与不可逆过程

一个热力学系统，由某一状态出发，经过某一个过程达到另一个状态。如果存在另一个过程，它能使系统与外界完全复原（即系统回到原来的状态，同时消除了原来过程对外界引起的一切影响），则原来的过程称为可逆过程；反之，如果用任何方法却不可能使系统和外界完全复原，则称为不可逆过程。

如：①摩擦生热使铁轨变热，不可能使火车把铁轨上的热量吸收回去而不产生其他影响；②热传递，从高温热源向低温热源传热是自发的，从低温热源向高温热源传热而不引起其他影响是不可能的。这些都是不可逆过程，但是如果加一些条件，可以发生可逆过程，却必然给外界留下了不可磨灭的痕迹。热力学的两种表述各自选取了两个典型的不可逆过程。开尔文选取的是从功变成热，克劳修斯选取的是热传导不可逆性。

宏观过程的不可逆性是热力学第二定律的核心。前面我们已经证明第二定律的两种表述的等效性，也说明热传导与功变热两类过程在其不可逆特征上是完全等效的。还有，如果一个热力学系统能自由收缩，而不产生其他影响；扩散能够自动恢复原来的状态，而不产生其他影响等都是不可能的。从上面的分析我们可以总结出：①所有的宏观过程都是不可逆的；②所有的不可逆过程是相互关联的；③第二定律推出了过程的方向和条件。

二、可逆过程的条件

从上面的讨论中可以总结出，如果一个过程是可逆过程必须要满足以下两个条件：
（1）平衡过程——准静态过程。
（2）无摩擦。

第三节　热力学第二定律的统计意义　熵

热力学第二定律指出，一切与热现象有关的宏观过程都是不可逆的，热现象是与大量分子无规则热运动相联系的。实际过程的不可逆性是从试验中总结出来的，我们也可以从统计的意义来解释，以便进一步认识热力学第二定律的本质。

先来分析气体的自由膨胀。气体自由膨胀的不可逆性，实质上是反映了这个系统内部发生的过程总是由概率小的宏观状态向概率大的宏观状态进行，即由包括微观状态数目少的宏观状态向包含微观状态数目多的宏观状态进行，而相反的过程在外界不发生任何影响的条件下是不可能实现的。这就是气体自由膨胀不可逆性的统计意义。

再来分析一下功变热的过程。前面说过，功变热的过程更确切地说应当是机械能变为内能的过程。我们知道，机械能表示所有的分子都做同样的定向运动所对应的能量。而内能则代表分子做无规则热运动时的能量。单纯的功变热表示规则运动的能量变为无规则运动的能量，这是可能的；而相反的过程，即无规则运动自发地全部变为规则的定向运动，这对大量分子的宏观系统来讲，其概率小到实际上为不可能。前者是概率小的状态向概率大的状态进行，而后者是概率大的状态向概率小的状态进行。

由以上分析可得热力学第二定律的统计意义：一个不受外界影响的"独立系统"，其内部发生的过程，总是由体积小的状态向体积大的状态进行，由包含微观状态数目少的宏观状态向包含微观数目多的宏观状态进行。

根据热力学第二定律还确定了一个反映自发过程不可逆性的物质状态函数——**熵**。克劳修斯于 1854 年提出 Entropie 的概念，我国物理学家胡刚复教授于 1923 年根据热温商之意首次把 Entropie 译为"熵"。克劳修斯将一个热力学系统中熵的改变定义为：在一个可逆过程中，输入热量相对于温度的变化率，即 $\mathrm{d}S=\dfrac{\mathrm{d}Q}{\mathrm{d}T}$。熵是态函数，即状态一定时，物质的熵值也一定，也可以说熵变只与物质的初末状态有关。熵是宏观量，是构成体系的大量微观离子集体表现出来的性质。它包括分子的平动、振动、转动、电子运动及核自旋运动所贡献的熵，谈论个别微观粒子的熵无意义。

从一个自发进行的过程来考察：热量 Q 由高温（T_1）物体传至低温（T_2）物体，高温物体的熵减少 $\mathrm{d}S_1=\dfrac{\mathrm{d}Q_1}{\mathrm{d}T_1}$，低温物体的熵增加 $\mathrm{d}S_2=\dfrac{\mathrm{d}Q_2}{\mathrm{d}T_2}$，把两个物体合起来当成一个系统来看，熵的变化是 $\mathrm{d}S=\mathrm{d}S_2-\mathrm{d}S_1>0$，即熵是增加的。若过程是可逆的，则 $\mathrm{d}S=\dfrac{\mathrm{d}Q}{\mathrm{d}T}$；若过程是不可逆的，则 $\mathrm{d}S>\dfrac{\mathrm{d}Q}{\mathrm{d}T}$。

热力学第二定律是根据大量观察结果总结出来的规律：在孤立系统中，体系与环境没有能量交换，体系总是自发地像混乱度增大的方向变化，总使整个系统的熵值增大，此即熵增原理，也可以说成，一个孤立系统的熵永远不会减少。摩擦使一部分机械能不可逆地转变为热，使熵增加，所以说整个宇宙可以看作一个孤立系统，是朝着熵增加的方向演变的。

所以热力学第二定律还可以表述为：在孤立系统中，实际发生过程总使整个系统的熵值趋于增大。这些不同表述各有侧重，但彼此等价。克劳修斯提出的熵的概念在热学界发挥的作用极大，常把它与热力学定律，熵增原理及即将学到的卡诺循环等联系在一起，除了热学之外，从它的宏观、微观意义出发，它还被抽象地应用到信息、生物、农业、工业、经济等领域，提出了广义熵的概念，在此不再赘述。

第四节　卡　诺　定　理

一、卡诺定理

早在热力学第一定律和第二定律建立以前，在分析蒸汽机和一般热机中决定热能化为功的各种因素的基础上，1824 年法国工程师卡诺提出了卡诺定理：

（1）在相同的高温热源和低温热源之间工作的一切可逆热机，其效率都相等，与工作物质无关。

（2）在相同的高温热源和相同的低温热源之间工作的一切不可逆热机，其效率都不可能大于可逆热机的效率。

要注意这里所讲的热源都是温度均匀的恒温热源。若一可逆热机在某一确定温度的热源处吸热，并在另一确定温度的热源处放热，从而对外做功，那么这可逆热机必然是卡诺热机，其循环是由两条等温线和两条绝热线所组成的卡诺循环。

下面我们用热力学第一定律和第二定律来正确地证明卡诺定理：可逆热机等效图如图 $6-3$ 所示，设有甲、乙两部可逆热机，它们在相同的高温热源（温度为 T_1）和相同的低温热源（温度为 T_2）之间工作，甲热机在一个循环过程中，由高温热源吸取热量 Q_1，在低温热源释放热量 Q_2（注意：这里 Q_1、Q_2 都是指热量的大小，恒为正）。根据热力学第一定律，它对外做功 $A=Q_1-Q_2$。热机乙在一个循环过程中由高温热源吸热 Q_1，在低温热源处放热 Q_2。对外作功 $A'=Q'_1-Q'_2$。

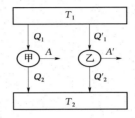

图 $6-3$　可逆热机等效图

如果甲、乙两热机都是可逆的，则我们可使其中一个，如乙热机做逆循环。每经过一个循环，外界对它做功 A'。同时由低温热源吸热 Q_2，而在高温热源处放热 Q_1。这样，我们可以适当地选择甲、乙热机的循环次数，如 N 和 N'，可得甲热机在低温处放出的总热量 NQ_2 等于乙热机在低温处吸收的总热量 Q_2N'，即：$NQ_2=Q_2N'$。甲热机的 N 次正循环和乙的 N' 次循环可以看作是一个总的联合循环。经过这样的循环，系统复原，而且对低温热源没有发生任何影响。联合循环只是与单一的高温热源交换能量。因此，根据热力学第二定律的开尔文表述。这联合循环对外所做的功一定不能大于零，即

$$NA-N'A' \not> 0 \qquad\qquad (6-1)$$

如以 η 和 η' 分别表示甲、乙两热机的效率。则

$$\eta=\frac{A}{Q_1}=\frac{A}{Q_2+A}$$

$$\eta'=\frac{A'}{Q'}=\frac{A'}{Q'_2+A'}$$

即

$$A=\frac{\eta}{1-\eta}Q_2$$

$$A'=\frac{\eta'}{1-\eta'}Q'_2$$

代入式（6-1）中可得

$$\frac{\eta}{1-\eta}NQ_2-\frac{\eta'}{1-\eta'}N'Q'_2 \not> 0$$

因为 $NQ_2=N'Q'_2$

所以

$$\frac{\eta}{1-\eta} \not> \frac{\eta'}{1-\eta'} \tag{6-2}$$

将上式化简，即得

$$\eta \not> \eta'$$

即甲热机的效率不能大于乙热机的效率。若使甲热机做逆循环，乙热机做正循环，则同样可证明 $\eta \not> \eta'$。因此，必然是 $\eta = \eta'$。即所有工作在相同的高温热源和相同的低温热源之间的一切可逆热机，其效率都相等。这就证明了卡诺定理的表述（1）。

如果甲热机和乙热机中有一个是不可逆的，如乙热机不可逆，则我们只能证明 $\eta' \not> \eta$，而不能得到 $\eta \not> \eta'$ 的结论。因此，工作在相同高温热源和相同低温热源之间的一切不可逆热机。其效率都不可能大于可逆热机的效率，这就证明了卡诺定理的表述（2）。

注意：前面证明，在一定 T 的高温热源和低温热源之间工作的一切可逆热机的效率都相等，与工作物质无关，则它们的效率必然都等于工作物质为理想气体时的效率。即

$$\eta = \frac{T_1 - T_2}{T_1} = 1 - \frac{T_2}{T_1} \tag{6-3}$$

在两个相同高、低温热源之间工作的一切可逆热机的效率都不能大于这一数值。因此，卡诺定理对研究如何提高热机效率具有重要的指导意义，即两个热源的温度差是热功率的决定因素。

二、关于制冷机的效能

对于制冷机有上述卡诺定理的讨论，设有两个温度各为 T_1、T_2 的恒温热源，在这两个热源之间工作的制冷机也可分为可逆制冷机和不可逆制冷机。

（1）在相同的高温热源和相同的低温热源之间工作的一切可逆制冷机，其制冷系数都相等，与工作物质无关。

（2）在相同的高温热源和相同的低温热源之间工作的一切不可逆制冷机，其制冷系数都不可能大于可逆制冷机的制冷系数。

在恒温热源温度 T_1、T_2 之间工作的一切可逆制冷机的制冷系数均为

$$\varepsilon = \frac{Q_2}{A} = \frac{Q_2}{Q_1 - Q_2} = \frac{T_2}{T_1 - T_2} \tag{6-4}$$

第五节　热力学温标

本节我们来详细介绍一下前面所提到的热力学温标。

热力学温标：它与测温物质的性质无关，即用任何测温物质按这种温标定出的温度数值都是一样的，这种温标称为热力学温标。

根据卡诺定理，工作在两个一定温度之间的一切可逆卡诺热机的效率与工作物质的性质无关，只与两个热源的温度有关，现在设有温度 θ_1，θ_2 的两个恒温热源，这里 θ_1、θ_2 可以是任何温标所确定的温度。一可逆热机工作于温度 θ_1、θ_2 之间，在 θ_1 处吸热 Q_1 向 θ_2 处放热 Q_2。其效率 $\eta = 1 - \dfrac{Q_2}{Q_1}$ 与工作物质无关，只是 θ_1、θ_2 的函数。因此有

$$\frac{Q_2}{Q_1}=1-\eta=f(\theta_1,\theta_2) \tag{6-5}$$

这里的 $f(\theta_1,\theta_2)$ 应是两个温度 θ_1 和 θ_2 的普遍函数，与工作物质的性质及热量 Q_1 和 Q_2 的大小无关。

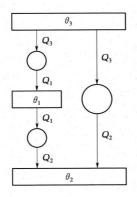

图 6-4 热力学温标等效图

现在设有另一个温度为 θ_3 的热源，热力学温标等效图如图 6-4 所示。设一可逆热机工作于恒温热源温度 θ_3、θ_2 之间，在 θ_3 吸热 Q_3，在 θ_2 处放热 Q_2；另一可逆热机工作于恒温热源温度 θ_3、θ_1 之间，在 θ_3 吸热 Q_3，在 θ_1 处放热 Q_1。根据式（6-5）有

$$\frac{Q_2}{Q_1}=f(\theta_1,\theta_2)$$

$$\frac{Q_1}{Q_3}=f(\theta_3,\theta_1) \tag{6-6}$$

且

$$\frac{Q_2}{Q_1}=\frac{\dfrac{Q_2}{Q_3}}{\dfrac{Q_1}{Q_3}}$$

所以由式（6-5）和式（6-6）可得

$$f(\theta_1,\theta_2)=\frac{f(\theta_3,\theta_2)}{f(\theta_3,\theta_1)} \tag{6-7}$$

在这里 θ_3 是一个任何温度，它既然不在等式左方出现，就一定会在式（6-7）右方的上面和下面相互消去。因此，上式可写作

$$f(\theta_1,\theta_2)=\frac{\psi(\theta_2)}{\psi(\theta_1)} \tag{6-8}$$

于是，由式（6-5）和式（6-8）可得

$$\frac{Q_2}{Q_1}=\frac{\psi(\theta_2)}{\psi(\theta_1)} \tag{6-9}$$

其中 $\psi(\theta)$ 为另一普遍函数，当然这个函数的形式与温标 θ 的选择有关，即随着选择温标 θ 的不同，应有一系列函数 $\psi(\theta)$ 满足式（6-9），开尔文建议引入一个新的温标 T，令 $T\infty\psi(\theta)$。

这样式（6-9）就化为

$$\frac{Q_2}{Q_1} = \frac{T_2}{T_1} \qquad (6-10)$$

温标 T 称为热力学温标式开尔文温标，由式（6-10）可见：两个热力学温度的比值被定义为在这两个温度之间工作的可逆热机与热源所交换热量的比值。由于 $\psi(\theta)$ 是普遍函数，而 $T \propto \psi(\theta)$。所以热力学温标与测温物质的性质无关，它的单位为 K。式（6-10）定义了两个热力学温度的比值，要把热力学温度完全确定还必须另外附加一个条件。1954年，国际计量大会规定水的三相点热力学温度规定为 273.16K，这样，热力学温度就完全确定了，而这样定出的热力学温度的单位——开尔文（K），就是水的三相点热力学温度的 $\frac{1}{273.16}$。利用式（6-10），在恒定热源温度 T_1、T_2 之间工作的一切可逆热机的效率可写作

$$\eta = 1 - \frac{Q_2}{Q_1} = 1 - \frac{T_2}{T_1} \qquad (6-11)$$

前面证明以理想气体作为工作物质的可逆卡诺循环效率为

$$\eta = 1 - \frac{T_2'}{T_1'} \qquad (6-12)$$

比较式（6-11）和式（6-12）可得

$$\frac{T_2'}{T_1'} = \frac{T_2}{T_1}$$

这表明热力学温标中两个温度的比值等于理想气体温标中两个温度的比值，另外，热力学温标和理想气体温标中水的三相点温度都规定为 273.16K，可见：$T = T'$。

也就是说，在理想气体温标能确定的范围内，热力学温标和理想气体的温标的测量值相等。因此可以理想气体温度计来测量热力学温度。而由于实际气体并不是理想气体，所以用实际气体温度计测量时，需要对测量值加以修正。

现在将前面所学过的各种温标作一下简单的总结。

每一种温标都包含某一种测温参量和一种标度方法。在采用同一种标度法的情况下，按测温参量的不同也分为各种不同温标。我们首先介绍了各种经验温标，指出了经验温标的缺点（测温参量有赖于测温质及其测温属性），继而介绍了比一般经验温标优越的理想气体温标，但理想气体温标仍赖于气体的共性，测温范围受到限制，最后介绍了完全不赖于任何测温质的任何测温属性的热力学温标。由于这种温标具有绝对性的意义，因此在国际上被定为最基本的温标。热力学温标只是一种理论温标，无法具体实现。不过，理论上证明它与理想气体温标是一致的，所以，可以用气体温度计来测定热力学温度（在理想气体温标所能确定的温度范围内）。最后，由于气体温度计在实用上的不便和其他缺点，国际上决定采用国际温标。这种温标，就是从实践上来逼近热力学温标这种理论温标的。

阅 读 资 料

克劳修斯（1822—1888），德国物理学家和数学家，热力学的主要奠基人之一。克劳修斯主要从事分子物理、热力学、蒸汽机理论、理论力学、数学等方面的研究，特别是在

克劳修斯（R. Clausius）

热力学理论、气体动理论方面建树卓著。他是历史上第一个精确表示热力学定律的科学家。1850 年与兰金（Rankine，1820—1872）各自独立地表述了热与机械功的普遍关系——热力学第一定律，并且提出蒸汽机理想的热力学循环（兰金—克劳修斯循环）。1850 年克劳修斯发表《论热的动力以及由此推出的关于热学本身的诸定律》的论文。他从热是运动的观点对热机的工作过程进行了新的研究。论文首先从焦耳确立的热功当量出发，将热力学过程遵守的能量守恒定律归结为热力学第一定律，指出在热机做功的过程中一部分热量被消耗了，另一部分热量从热物体传到了冷物体。论文的第二部分，在卡诺定理的基础上研究了能量的转换和传递方向问题，提出了热力学第二定律最著名的表述形式（克劳修斯表述）：热不能自发地从较冷的物体传到较热的物体。因此克劳修斯是热力学第二定律的两个主要奠基人（另一个是开尔文）之一，他还于 1855 年引进了熵的概念。

思　考　题

6-1　为什么热力学第二定律可以有许多不同的表述？

6-2　设系统进行的循环如图 6-5 所示。试指出在哪些过程中系统对外吸热？在哪些过程中，系统向外放热？经此循环后，系统对外做的净功是正功还是负功？

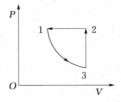

图 6-5　题 6-2 图

6-3　有人说："功可以完全变为热。但热不能完全变为功"。试说明。

6-4　有两个可逆机分别使用不同的热源作卡诺循环，在 P-V 图上它们的循环曲线所包围的面积相等，但形状不同，如图 6-6 所示。

（1）它们吸热和放热差值是否相同？

（2）对外所作的净功是否相同？

（3）效率是否相同？

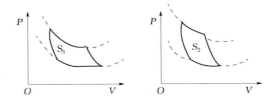

图 6-6　题 6-4 图

6-5　有一可逆的卡诺机，它作热机使用时，如果工作的两热源温度差越大，则对于做功就越有利。当作致冷机使用时，如果两热源的温度差越大，对于致冷机是否也越为有利。为什么？

6-6　根据卡诺定理，提高热机效率的方法，就过程来说，应尽量接近可逆过程，但生产实践中为什么不从这方面来考虑？

6-7　为什么说卡诺循环是最简单的循环过程？任意可逆循环需要多少个不同温度的热源？

6-8　一杯热水置于空气中，它总是冷却到与周围环境相同的温度，因为处于比周围温度高或低的概率都较小，而与周围环境同温度的平衡态是最可几状态，但是这杯水的熵却减少了，这与熵增加原理想矛盾吗？

6-9　据热力学第二定律判定下面两种说法是否正确？

（1）功可以全部转化为热，但热不能全部转化为功。

（2）热量能够从高温物体传到低温物体，但不能从低温物体传到高温物体。

6-10　西风吹过南北纵贯的山脉，空气就会由山脉西边的谷底越过山脊，再向下到达和西边同样的高度。由于气压随高度增加而减小，空气上升的时候，就会膨胀，但是并没有热量与周围大气互换。试定性说明

（1）空气到达东边后温度的变化如何？

（2）这样的过程是否可逆？空气熵的改变如何？

6-11　（1）如图 6-7 所示，有可能使一条等温线与绝热线相交两次吗？

（2）两条等温线和一条绝热线是否可以构成一个循环？为什么？

（3）两条绝热线和一条等温线是否可构成一个循环？为什么？

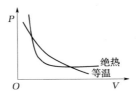

图 6-7　题 6-11 图

6-12　下列过程是可逆还是不可逆的？

（1）汽缸与活塞组合中装有气体，当活塞上没有外加压力，活塞与汽缸间没有摩擦时。

（2）上述装置，当活塞上没有外加压力，活塞与汽缸间摩擦很大使气体缓慢地膨胀时。

（3）上述装置，没有摩擦，但调整外加压力，使气体能缓慢地膨胀。

（4）在一绝热容器内盛有液体，不停地搅动它，使它温度升高。

（5）一传热容器内盛有液体，容器放在一恒温的大水池内，液体被不停地搅动，可保持温度不变。

（6）在一绝热容器内，不同温度的液体进行混合。

（7）在一绝热容器内，不同温度的氦气进行混合。

6-13 热力学第二定律的叙述能否包括热力学第一定律的内容？

习　题

6-1 一制冷机工作在 $t_2 = -10℃$ 和 $t_1 = 11℃$ 之间，若其循环可看作可逆卡诺循环的逆循环，则每消耗 1kJ 的功能由冷库取出多少热量？

6-2 设一动力暖气装置由一热机和一致冷机组合而成。热机靠燃料燃烧时放出热量工作，向暖气系统中的水放热，并带动致冷机，致冷机自天然蓄水池中吸热，也向暖气系统放热。设热机锅炉的温度为 $t_1 = 210℃$，天然水的温度为 $t_2 = 15℃$，暖气系统的温度为 $t_3 = 60℃$，燃料的燃烧热为 5000kcal·kg^{-1}，试求燃烧 1.00kg 燃料，暖气系统所得的热量。假设热机和制冷机的工作循环都是理想卡诺循环。

6-3 一理想气体准静态卡诺循环，当热源温度为 100℃，冷却器温度为 0℃ 时，做净功 800J，今若维持冷却器温度不变，提高热源温度，使净功增加 $1.60×10^3$J，则这时：

（1）热源的温度为多少？

（2）效率增大到多少？设这两个循环都工作于相同的两绝热线之间。

6-4 一热机工作于 50℃ 与 250℃ 之间，在一循环中对外输出的净功为 $1.05×10^6$J，求这个热机在一循环中所吸入和放出的最小热量。

6-5 一可逆卡诺热机低温热源的温度为 7.0℃，效率为 40%。若要将其效率提高到 50%，则高温热源的温度需提高多少度？

6-6 一制冰机低温部分的温度为 -10℃，散热部分的温度为 35℃，所耗功率为 1500W，制冰机的制冷系数是逆向卡诺循环制冷机制冷系数的 1/3。今用此制冰机将 25℃ 的水制成 -18℃ 的冰，问制冰机每小时能制冰多少千克？（冰熔解热为 80cal·g^{-1}，冰的比热为 0.50cal·g^{-1}·K^{-1}）

6-7 试证明：任意循环过程的效率，不可能大于工作于它所经历的最高热源温度与最低热源温度之间的可逆卡诺循环的效率（提示：先讨论任一可逆循环过程，并以一连串微小的可逆卡诺循环代替这循环过程。如以 T_m 和 T_n 分别代表这任一可逆循环所经历的最高热源温度和最低热源温度。试分析每一微小卡诺循环效率与 $1 - T_n/T_m$ 的关系）。

6-8 若准静态卡诺循环中的工作物质不是理想气体而服从状态方程

$$P(v-b) = RT$$

试证明卡诺循环的效率公式仍为

$$\eta = 1 - T_2/T_1$$

6-9 证明:范德瓦耳斯气体进行准静态绝热过程时,气体对外做功为 $C_V(T_1-T_2)-a\left(\dfrac{1}{v_1}-\dfrac{1}{v_2}\right)$

设 C_V 为常数。

6-10 若用范德瓦尔斯气体模型,试求在焦耳测定气体内能实验中气体温度的变化,设气体定容摩尔热容量 C_V 为常数,摩尔体积在气体膨胀前后分别为 V_1、V_2。

6-11 利用题 6-10 的结论公式,求二氧化碳在焦耳实验中温度的变化。设气体的摩尔体积在膨胀前是 2.0lmol^{-1},在膨胀后为 4.0mol^{-1}。已知二氧化碳的摩尔热容量为 $3.38R$,$a = 3.6 \text{atm} \cdot \text{L}^2 \cdot \text{mol}^{-2}$。

第七章　固　　体

在通常条件下，物质可分为三种不同的状态：固态、液态和气态。固态和液态统称为凝聚态。本章简单地介绍固体物质的物理性质、微观结构、构成物质的各种粒子的运动形态及其相互关系的科学。它是物理学中内容极丰富、应用极广泛的分支学科。固体物理是微电子技术、光电子学技术、能源技术、材料科学等技术学科的基础，固体物理的研究论文占物理学中研究论文的 1/3 以上。

固体物理学（Solid - State Physics）是研究固体的性质、微观结构及各种内部运动，以及这种微观结构和内部运动同固体宏观性质关系的学科。固体的内部结构和运动形式很复杂，这方面的研究是从晶体开始的，因为晶体的内部结构简单，而且具有明显的规律性，较易研究。以后进一步研究一切处于凝聚状态物体的内部结构、内部运动以及它们和宏观物理性质的关系。这类研究统称为凝聚态物理学。

简单地说，固体物理学的基本问题有：固体是由什么原子组成？它们是怎样排列和结合的？这种结构是如何形成的？在特定的固体中，电子和原子取什么样具体的运动形态？它的宏观性质和内部的微观运动形态有什么联系？各种固体有哪些可能的应用？探索设计和制备新的固体，研究其特性，开发其应用。

新的实验条件和技术日新月异，为固体物理不断开拓出新的研究领域。极低温、超高压、强磁场等极端条件，超高真空技术、表面能谱术、材料制备的新技术、同步辐射技术、核物理技术、激光技术、光散射效应、各种粒子束技术、电子显微术、穆斯堡尔效应、正电子湮没技术、磁共振技术等现代化实验手段，使固体物理性质的研究不断向深度和广度发展。

固体物理对于技术的发展有很多重要的应用，晶体管发明以后，集成电路技术迅速发展，电子学技术、计算技术以至整个信息产业也随之迅速发展。其经济影响和社会影响是革命性的。这种影响甚至在日常生活中也处处可见。

第一节　晶　　体

一、晶体的特征

虽然不同的晶体具有各自不同的特性，但是，在不同的晶体之间仍存在着某些共同的特征，这主要表现在以下几个方面。

1. 长程有序

具有一定熔点的固体，称为晶体。实验表明：在晶体中尺寸为微米量级的小晶粒内部，原子的排列是有序的。在晶体内部呈现的这种原子的有序排列，称为长程有序。长程有序是所有晶体材料都具有的共同特征，这一特性导致晶体在熔化过程中具有一定的熔点。晶体分为单晶体和多晶体。

单晶体是个凸多面体，围成这个凸多面体的面是光滑的，称为晶面。在单晶体内部，原子都是规则地排列。由许多小单晶（晶粒）构成的晶体，称为多晶体。多晶体仅在各晶粒内原子才有序排列，不同晶粒内的原子排列是不同的。晶面的大小和形状受晶体生长条件的影响，它们不是晶体品种的特征因素。

例如，岩盐（氯化钠）晶体的外形可以是立方体或八面体，也可能是立方和八面的混合体，如图 7-1 所示。

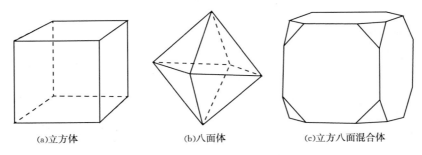

(a)立方体　　　　　　(b)八面体　　　　　　(c)立方八面混合体

图 7-1　岩盐（氯化钠）晶体外形

2. 解理

晶体具有沿某一个或数个晶面发生劈裂的特征，这种特征称为晶体的解理。解理的晶面，称为解理面。解理面通常是那些面与面之间原子结合比较脆弱的晶面。有些晶体的解理性比较明显，例如，氯化钠晶体等，它们的解理面常显现为晶体外观的表面。有些晶体的解理性不明显，例如，金属晶体等。

晶体解理性在某些加工工艺中具有重要的意义，例如，在划分晶体管管芯时，利用半导体晶体的解理性可使管芯具有平整的边缘和防止无规则断裂的发生，以保证成品率。

3. 晶面角守恒定律

发育良好的单晶体，外形上最显著的特征是晶面有规则地配置。一个理想完整的晶体，相应的晶面具有相同的面积。晶体外形上的这种规则性，是晶体内部分子或原子之间有序排列的反映。尽管由于生长条件的不同，会使同一晶体外型产生一定的差异。但是对同一种晶体，相应两个晶面之间的夹角却总是恒定的。即每一种晶体不论其外形如何，总具有一套特征性的夹角。例如，对于石英晶体而言，在图 7-2 中所示的 mm 两面间的夹角总是 $60°0'$，mR 两面间的夹角总是 $38°13'$，mr 两面间的夹角总是 $38°13'$。

属于同一品种的晶体，两个对应晶面之间的夹角恒定不变，这一规律称为晶面角守恒定律。显然，晶面之间的相对方位是晶体的特征因素，因而常用晶面法线的取向来表征晶面的方位，而以法线间夹角来表征晶面间的夹角（两个晶面法线间的夹角是这两个晶面夹角的补角）。

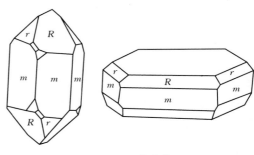

图 7-2　石英晶体

二、晶体的基本性质

1. 周期性

晶体中原子的规则排列可以看作是由一个基本结构单元在空间重复堆砌而成，晶体结构的这一性质称为周期性。

2. 对称性

晶体的外形、结构及性质在不同方向和位置有规律地重复出现，这种现象称为晶体的对称性。

3. 各向异性

晶体的物理性质常随方向不同而有量的差异。晶体所具有的这种性质，称为各向异性。晶体的晶面往往排列成带状，晶面间的交线（称为晶棱）互相平行，这些晶面的组合称为晶带，晶棱的共同方向称为该晶带的带轴。晶体的物理性质沿不同带轴方向具有差异，呈现出各向异性。物理性质的这种差异来源于晶体结构的各向异性，例如，晶体的解理在有些晶轴上明显，而在其他晶轴方向不明显；又如，某些晶体的电阻值在一个特定晶轴方向上显著地高于其他晶轴方向；再如，一些晶体的折射率在不同晶向数值不同等。

4. 最小内能性

由同一种化学成分构成的物质，在不同的条件下可以呈现不同的物相，其相应的结合能或系统的内能也必不相同。但是，在相同的热力学条件下，在具有相同化学成分物质的各种物态——气体、液体、非晶体、晶体中，以晶体的内能最小，这个结论称为晶体的最小内能性。对于固体物质，由于晶体内能比非晶体内能小，所以非晶体具有自发地向晶体转变的趋势；反之，晶体不可能自发地转变为其他的物态形式。即晶体是一种稳定的物态形式。

5. 晶格振动

晶体中的原子总是围绕其平衡位置作振动，且相互联系。晶体中原子的这种集体振动，称为晶格振动。晶格振动不仅对晶体的热学性质有直接的重要影响，而且对晶体的其他一些物理性质，例如光学性质、电学性质、超导电性、结构相变等起到重要影响，甚至决定性的作用。晶格振动是晶体的特性之一。

三、晶体的微观结构

对晶体微观结构的认识是随着生产和科学的发展而逐渐深入的。1669 年就发现了晶体具有恒定夹角的规律，而 19 世纪已开始研究金属的微观结构，1912 年 X 射线衍射现象的利用，首次确切地证实了晶体内部粒子有规则排列的假设。现在通过 STM 对晶体结构进行了观察，证明了假设的正确性。

如果用点表示粒子（分子、原子、离子或原子集团）的质心，则这些点在空间的排列就具有周期性。表示晶体粒子质心所在位置的点称为结点，结点的整体称为空间点阵。空间点阵的周期性指的是，从点阵中任何一个结点出发，向任何方向延展，经过一定距离后，必遇到另一个结点，则经过相同距离后，必遇到第三个结点，这种距离称为平移周期，不同方向有不同的平移周期，空间点阵的周期性如图 7 - 3 所示。

取一个以结点为顶点，边长等于平移周期的平行六面体作为一个基本的几何单元，它的重复排列，可以形成整个点阵，这种几何单元称为原胞。原胞可以取最小的重复单元，结点只在顶角上，内部和面上都不含其他结点。为了反映晶体的对称性，结晶学中所取的原胞体积不一定是最小的，结点不仅在顶角，而且可以在体心或面心，但原胞边长总是一个平移周期，原胞各边的尺寸称为点阵常数。

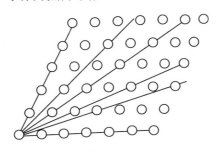

图 7 - 3　空间点阵的周期性

例如，在面心立方点阵和体心立方点阵的情形下，可以分别取以顶点到面心连线为边所形成的菱面体 [图 7 - 4 (a)]，和以顶点到体心连线为边所形成的菱面体 [图 7 - 4 (b)] 作为原胞，这时原胞体积虽然最小，但却不能反映出立方晶系的全部对称性，而以面心和体心上有结点的立方体作为原胞，就能反映出晶体的这种特殊对称性。

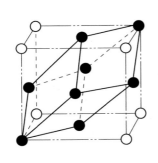

(a)顶点到面心连线形成的菱面体结构

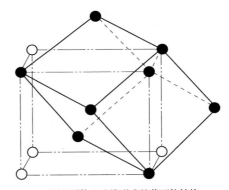

(b)顶点到体心连线形成的菱面体结构

图 7 - 4　立方晶系的对称性

在结晶学中，根据原胞各边所夹的角度、各边的长短以及结点在原胞中排列的情况，将晶体分为七个晶系，将空间点阵分为十四种类型，七个晶系的点阵形状见表 7 - 1，空间点阵的类型如图 7 - 5 所示。表中 a、b、c 分别是原胞中三边的长度，α、β、γ 分别是 b 边和 c 边、c 边和 a 边、a 边和 b 边之间的夹角。最常见的点阵有体心立方点阵、面心立方点阵和六方点阵。

表 7 - 1　　　　　　　　　　　　**七个晶系的点阵形状**

晶　　系	组成点阵的平行六面体（原胞）的形状
三　　斜	$a \neq b \neq c$；$\alpha \neq \beta \neq \gamma \neq 90°$
单　　斜	$a \neq b \neq c$；$\alpha = \gamma = 90° \neq \beta$
正　　交	$a \neq b \neq c$；$\alpha = \beta = \gamma = 90°$

续表

晶　系	组成点阵的平行六面体（原胞）的形状
三　方	$a=b=c$；$\alpha=\beta=\gamma\neq90°$
六　方	$a=b\neq c$；$\alpha=\beta=90°$；$\gamma=120°$
四　方	$a=b\neq c$；$\alpha=\beta=\gamma=90°$
立　方	$a=b=c$；$\alpha=\beta=\gamma=90°$

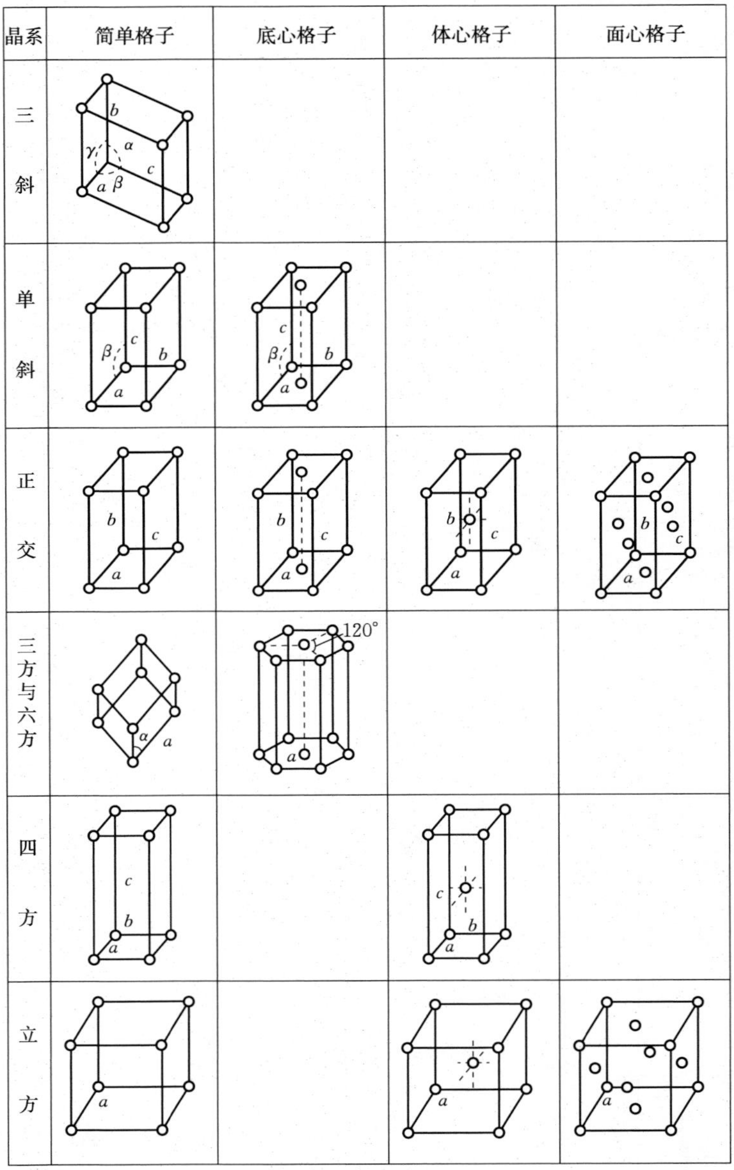

晶系	简单格子	底心格子	体心格子	面心格子
三斜				
单斜				
正交				
三方与六方				
四方				
立方				

图 7-5 空间点阵的类型

第二节　晶体中粒子的结合力和结合能

晶体中粒子之间存在着相互作用力，这种力称为结合力（Binding Force），结合力是决定晶体性质的一个主要因素。结合力使粒子殊途同归地聚集在一起形成空间点阵，使晶体具有弹性，具有确定的熔点和熔解热，决定晶体的热膨胀系数等。例如，铅笔芯的原料——黑色的软石墨和能切割玻璃的透明的金刚石，都是由碳原子构成的，两者的性质却差别很大。石墨耐高温、比重小、导电性好，而金刚石着火点低、比重大、几乎不导电。晶体性质千差万别的原因在于晶体粒子间结合力的本质。

一、五种典型的结合力

使晶体中粒子结合在一起的力，称为化学键，化学键的强弱是以结合能的大小来衡量的，化学键是决定晶体基本性质的根本原因。强的化学键有离子键、共价键和金属键，负责把原子和原子结合成分子或晶体；弱的化学键有范德瓦尔斯键和氢键，负责把分子和分子结合成晶体。

1. 离子键

由正电性元素（原子壳的价电子少，有失去价电子趋势的元素，如碱金属）和负电性元素（原子外壳的价电子多，有获得价电子趋势的元素，如卤素）组成晶体时，正电性元素失去电子而为正离子，负电性元素获得电子而成为负离子。正、负离子之间的静电力使它们结合在一起，形成晶体。这种将正、负离子结合起来的静电力叫做离子键，在离子键作用下组成的晶体，叫做离子晶体。最典型的离子晶体是 NaCl 晶体，如图 7-6 所示，由 Na^+ 和 Cl^- 相间排列组成，这样的结合是最紧密的。离子晶体具有高的熔点，低的挥发性和大的压缩模量。

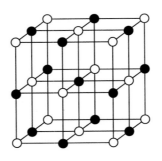

图 7-6　NaCl 晶体

2. 共价键

当两个氢原子组成氢分子时，两个电子同时围绕两个原子核运动，为两个原子所共有，这种因共有电子而产生的结合力称为共价键。完全由负电性元素组成晶体时，粒子之间的结合力就是共价键。由共价键作用而形成的晶体称为原子晶体。碳原子、硅原子、锗原子的外层有四个价电子，虽负电性不强但可以共有的电子最多，因此最易用共价键形成晶体。典型的原子晶体有金刚石（C）和金刚砂（SiC）。在金刚石晶体中，每个碳原子与邻近的四个碳原子以共价键相结合，如图 7 - 7 所示。原子晶体具有硬度大、熔点高、导电性低、挥发性低的特点。

图 7 - 7 金刚石晶体

3. 金属键

组成金属的原子都是正电性元素，原子失去部分的价电子而以正离子的形式排列在点阵的结点上，脱离原子的电子称为自由电子，自由电子为全体正离子所共有，自由地在正离子所形成的点阵内运动。自由电子的总体称电子气。正离子与电子气之间的作用力使各粒子结合在一起，这种结合力称为金属键。由金属键的作用而组成的晶体叫做金属晶体（Metallic Crystal），简称金属。金属具有高的熔点、高的硬度和低的挥发性。金属由于存在电子气因而具有良好的导电性和导热性。

4. 范德瓦尔斯键

范德瓦尔斯键和离子键一样，基本上也是静电力，不过它不是带电系统之间的吸引力，而是整体不带电系统之间的偶极力。外层电子已饱和的原子和分子，在低温下组成晶体时，粒子间有一定的吸引力，但这个吸引力是很微弱的，这与气体中分子之间的吸引力性质相同，这种结合力称为范德瓦尔斯键。它是和电子在分子（或原子）内部的瞬时位置相关的，两分子（或原子）中电子的一种瞬时位置可以使两分子相互吸引，另一种瞬时位置可以使两分子相互排斥，两分子（或原子）中电子的瞬时位置相关如图 7 - 8 所示。

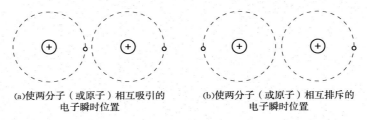

(a)使两分子（或原子）相互吸引的   (b)使两分子（或原子）相互排斥的
电子瞬时位置   电子瞬时位置

图 7 - 8 两分子（或原子）中电子的瞬时位置相关

由范德瓦尔斯键的作用组成的晶体称为分子晶体（Molecular Crystal）。这时，在点阵结点上的粒子是分子，分子保持它原来的结构，这是和其他各类晶体的不同之处。

5. 氢键

氢键是由氢原子参与的一种特殊类型的化学键。本来氢原子只能形成一个共价键，但在有的场合它可以和两电负性较强的原子 X、Y 结合。在这种情况下原子 H 与 X 之间是共价键，可是由于 X 原子的电负性，使 H 这一头带正电，形成一定的偶极性，从而可以通过范德瓦尔斯键与另一电负性原子 Y 结合。这种氢原子处于共价键的结合方式，可表示为 X－H⋯Y，其中 H 与 Y 的键合叫作氢键。氢键的本质上是范德瓦尔斯键，但有一定的饱和性和方向性。

二、结合力的性质

晶体中粒子的相互作用可分为吸引作用和排斥作用两大类。其中，吸引作用来源于异性电荷之间的库仑引力，而排斥作用则来自于两个方面：一方面是同性电荷之间的库仑斥力；另一方面是泡利不相容原理所引起的排斥。

相互作用随原子间距变换的关系曲线如图 7-9 所示。当粒子间距较大时，吸引力随间距减小而迅速增大，由于排斥力很小，总的作用力表现为引力，从而将原子聚集起来；当间距较小时，排斥力显著地表现出来，并随间距减小而迅速增大，此时斥力起主要作用，以阻止原子间的兼并。在某一适当的距离，两种作用相抵消，使晶体结构处于稳定状态。

两原子间的相互作用势能常用幂函数来表达，即

$$u(r) = -\frac{Q}{r^m} + \frac{B}{r^n}$$

式中　A、B、m、n——大于零的常数。

由于在较大间距上排斥力比吸引力弱得多，才能使原子聚集成为固体；而在很小间距上排斥力必须占优势，才能出现稳定平衡，因此满足 $n > m$。对于不同的结合类型，引起的吸引和排斥作用不全相同，n、m 的数值也不相同。

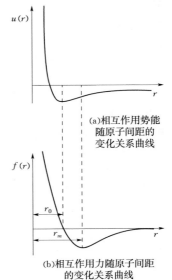

(a)相互作用势能随原子间距的变化关系曲线

(b)相互作用力随原子间距的变化关系曲线

图 7-9　相互作用随原子间距变换的关系曲线

第三节　固　体　磁　性

固体磁性是一个有很久历史的研究领域。抗磁性是物质的通性，来源于在磁场中电子轨道运动的变化。从 20 世纪初至 30 年代，经过许多学者努力建立了抗磁性的基本理论。范弗莱克在 1932 年证明在某些抗磁分子中会出现顺磁性；朗道在 1930 年证明导体中传导电子的非局域轨道运动也产生抗磁性，这是量子的效应；居里在 1895 年测定了顺磁体磁化率的温度关系，朗之万在 1905 年给出顺磁性的经典统计理论，得出居里定律。顺磁性的量子理论连同大量的实验研究，导致顺磁盐绝热去磁制冷技术出现，电子顺磁共振技术和微波激射放大器的发明，以及固体波谱学的建立。

电子具有自旋和磁矩，它们和电子在晶体中的轨道运动一起，决定了晶体的磁学性质，晶体的许多性质（如力学性质、光学性质、电磁性质等）常常不是各向同性的。作为一个整体的点阵，有大量内部自由度，因此具有大量的集体运动方式，具有各式各样的元激发。

从磁性角度，可以把固体材料大致分为两类：①包含顺磁离子的固体；②不包含顺磁离子的固体。所谓顺磁离子是指 d 壳层不满的过度族元素或 f 壳层不满的稀土族元素。不含顺磁离子的固体称为一般的固体，包括金属、半导体、离子晶体，它们是由饱和结构的原子实和载流子所构成。它们往往呈现微弱的顺磁性或抗磁性。

一、饱和电子结构的抗磁性

只有当固体内包含具有固有磁矩的电子结构时才会引起顺磁磁化（磁矩的择优取向），但是感生的抗磁性则是普遍的。很多自由状态的原子都具有一定磁矩，但当它们结合成分子和固体时，往往失去磁矩。具有惰性气体结构的离子晶体以及靠电子配对耦合而成的共价键晶体，都形成饱和的电子结构，没有固有磁矩，因此是抗磁性的。

二、载流子的磁性

金属的内层电子和半导体的基本电子结构一样也是饱和的电子结构，因此是抗磁性的。但是另外还必须考虑载流子对磁化率的贡献。多尔夫曼首先提出导电电子显然具有顺磁性，它们部分抵消了内层离子的抗磁性，从而使金属的抗磁性比离子的抗磁性低。载流子的顺磁性是电子的自旋磁矩在磁场中的取向所引起的。

三、杂质和缺陷的顺磁性

晶体中的杂质和缺陷往往具有未配对的电子，它们的自旋贡献一定是顺磁性。研究它们的顺磁性对了解杂质和缺陷的电子结构可以提供重要的依据。晶体中的杂质和缺陷，周围的环境并不是各向同性的，因而自旋共振现象呈现出一定的各向异性，可以根据实验上观察到的各向异性，推断晶体中杂质和缺陷周围环境的对称性。

第四节 固 体 表 面

点阵结构完好无缺的晶体是一种理想的物理状态。实际晶体内部的点阵结构总会有缺陷：化学成分不会绝对纯，内部会含有杂质。这些缺陷和杂质对固体的物理性质（包括力学、电学、磁学、发光学等）以及功能材料的技术性能，常常会产生重要的影响。大规模集成电路的制造工艺中，控制和利用杂质和缺陷是很重要的晶体表面性质和界面性质，这会对许多物理过程和化学过程产生重要的影响。所有这些都已成为固体物理研究中的重要领域。

半导体的电学、发光学等性质依赖于其中的杂质和缺陷；大规模集成电路的工艺中控制和利用杂质及缺陷是极为重要的。贝特在 1929 年用群论方法分析晶体中杂质离子的电子能级的分裂，开辟了晶体场的新领域。数十年来在这个领域积累了大量的研究成果，为顺磁共振技术、微波激射放大器、固体激光器的出现奠定了基础。硬铁磁体、硬超导体、高强度金属等材料的功能虽然很不同，但其技术性能之所以强或硬，却都依赖于材料中一种缺陷的运动。在硬铁磁体中这缺陷是磁畴壁（面缺陷）。在硬铁磁体中这缺陷是磁畴壁，在超导体中它是量子磁通线，在高强度金属中它是位错线，采取适当工艺使这些缺陷在材料的微结构上被钉住不动，有益于提高其技术性能。

高分辨电子显微术正促使人们在更深的层次上来研究杂质、缺陷和它们的复合物。电子顺磁共振、穆斯堡尔效应、正电子湮没技术等已成为研究杂质和缺陷的有力手段。在理论上借助于拓扑学和非线性方程的解，正为缺陷的研究开辟新的方向。从 20 世纪 60 年代起，人们开始在超高真空条件下研究晶体表面的本征特性，以及吸附过程等通过粒子束（光束、电子束、高子束或原子束）和外场（温度、电场或磁场）与表面的相互作用，获得有关表面的原子结构、吸附物特征、表面电子态以及表面元激发等信息，加上表面的理论研究，形成表面物理学。

同体内相比，晶体表面具有独特的结构和物理、化学性质。这是由于表面原子所处的环境同体内原子不一样，在表面几个原子层的范围，表面的组分和原子排列形成的二维结构都同体内与之平行的晶面不一样的缘故。表面微观粒子所处的势场同体内不一样，因而形成独具特征的表面粒子运动状态，限制粒子只能在表面层内运动并具有相应的本征能量，它们的行为对表面的物理、化学性质起重要作用。

第五节　超　导　电　性

一、超导电现象

1908 年，荷兰物理学家昂内斯成功地液化了氦，从而得到了一个新的低温区（4.2K以下），他在这个低温区内测量各种纯金属的电阻。在 1911 年发现金属汞在 4.2K 具有超导电性现象。不但纯汞，而且加入杂质后，甚至汞和锡的合金也具有这种性质，这种性质称为超导电性。具有超导电性的材料称为超导体。超导体电阻降为零的温度称为转变温度或临界温度，通常用 T_e 表示，当 $T > T_e$ 时，超导材料与正常的金属一样，具有一定的电阻值，这时超导材料处于正常态；而当 $T < T_e$ 时，超导材料处于零电阻状态，称为超导态。W. 迈斯纳和 R. 奥克森菲尔德在 1933 年又发现超导体具有完全的抗磁性。

以这些现象为基础，20 世纪 30 年代人们建立了超导体的电动力学和热力学的理论。后来，F. 伦敦在 1946 年敏锐地提出超导电性是宏观的量子现象，实验值为伦敦预计值之半，正好验证了 L. N. 库珀提出的电子配对概念。H. 弗罗利希在 1950 年提出超导电性来源于金属中电子和点阵波的耦合，并预言存在同位素效应，同年得到实验证实。1957 年巴丁、库珀和 J. R. 施里弗成功地提出超导微观理论，即有名的 BCS 理论。50 年代苏联学者 B. Л. 京茨堡、Л. Д. 朗道、A. A. 阿布里考索夫、Л. П. 戈科夫建立并论证了超导态宏观波函数应满足的方程组，并由此导出第二类超导体的基本特性。继江崎玲於奈在 1957 年发现半导体中的隧道效应之后，I. 加埃沃于 1960 年发现超导体的单电子隧道效应，由此效应可求得超导体的重要的信息。不久，B. D. 约瑟夫森在 1962 年预言了库珀对也有隧道效应，几个月之后果然实验证实了（见约瑟夫森效应）。从此开拓了超导宏观量子干涉现象及其应用的新领域。此外，液氦的超流动性，某些半导体中的电子－空穴液滴，以及若干二维体系中的分数量子霍尔效应等都是宏观的量子现象，受到人们重视，已成为重要的研究领域。

二、超导体的主要特征

1. 零电阻

零电阻是超导体的一个重要特征。超导体处于超导态时电阻完全消失。若用它组成闭合回路，一旦在回路中有电流，则回路中没有电能的消耗，不需要任何电源补充能量，电流可以持续存在下去，形成持续电流。柯林斯曾将一个铅环放置在垂直于环面的磁场中，将其冷却到超导的转变温度以下，之后撤去磁场，这时在环中产生感应电流。他在观察电流的衰减情况时发现，在长达两年半的时间内并没有观测到电流有丝毫衰减。所以，超导体是具有理想导电性的导体。

2. 临界磁场与临界电流

1913 年，昂内斯曾企图用超导铅线绕制超导磁体。他发现，当超导铅线中的电流超过某一临界值时，铅线就转变为正常态。1914 年，他从实验中发现，材料的超导态可以被外加磁场破坏而转为正常态。这种破坏超导态所需的最小磁场强度称为临界磁场。临界磁场的存在，限制了超导体中能够通过的电流。当通过超导体导线的电流超过一定数值后，超导态便被破坏，称为超导体的临界电流。这是因为当超导体通上电流以后，这个电流也将产生磁场。

3. 耶斯纳效应——完全抗磁性

零电阻是超导体的一个基本特性，但超导体的完全抗磁性更为基本。因此，人们在探究新的超导体时，为判断发生的是否为正常态向超导态转变，必须综合这两种测量结果，才能予以确定。如果将一超导体样品放入磁场中，由于穿过样品的磁通量发生了变化，所以在样品表面产生电流，这个电流将在样品内部产生磁场，完全抵消掉内部的外磁场，使超导体内部的磁场为零，所以超导体具有完全抗磁性。

4. 同位素效应

为了探究超导体转变温度与物质成分的关系，对许多同位素进行试验。结果表明，同位素的质量数越大，转变温度越低。1950 年雷诺和麦克斯威等分别得到如下规律

$$T_c \propto M^{-1/2}$$

这称为同位素效应。我们知道，同一元素的不同同位素，所不同的地方在于原子核的质量，原子核的质量反映了晶格的性质，而临界温度 T_c 反映了电子性质，同位素效应把晶格与电子联系起来。所以同位素效应对于超导微观理论的建立具有很好的启发作用。

思　考　题

7-1　何谓晶面、晶棱与顶点？

7-2　NaCl 晶体的外形可以是立方体，也可以是八面体或立方和八面混合体，这些不同的外形有什么共同的特点？

7-3　晶体有哪些宏观特性？

7-4　说明单晶体、多晶体和非晶体的主要区别。

7-5　化学键主要有哪几类？说明它们的特点。

7-6 结合力有哪些普遍特征?

7-7 从磁性角度可以把固体材料分为哪几类?

7-8 什么是超导现象? 超导体的主要特征有哪些?

习　题

7-1 立方点阵的点常数为 a，在体心立方点阵情况下，求：

(1) 原胞的体积。

(2) 原胞的结点数。

(3) 最近邻结点间距离。

(4) 最近邻结点的数目。

(5) 以顶心到体心连线为边所形成的菱面体作为原胞，此原胞的体积和包含的结点数。

7-2 n 重旋转对称指的是，晶体绕转轴转动 $2\pi/n$ 后晶体与自身完全重合这种对称性，证明一个晶体不可能有五重旋转对称。

7-3 证明一个晶体不可能有七重旋转对称。

7-4 已知离子晶体的相互作用能为

$$E_P = \frac{A_m}{r^m} - \frac{A_n}{r^n} = N\left(\frac{a_m}{r^m} - \frac{\alpha e_1 e_2}{4\pi\varepsilon_0 r}\right)$$

已知对 NaCl 来说，$m=9.4$，$\alpha=1.75$，$e_1=e_2=e$，并知平衡状态时相邻离子间距离为 $r_0=2.81$ 埃，求常数 a_m 的值

7-5 已知 NaBr 晶体在平衡状态时相邻两离子间距离为 $r_0=2.98$ 埃，马德隆常数 $\alpha=1.75$，排斥能幂指数 $m=936$，求 NaBr 的结合能。

第八章 液　体

本章主要内容：
（1）介绍液体的微观结构及液晶。
（2）着重研究液体的彻体性质和液体的表面性质。

第一节　液体的微观结构　液晶

气体分子的排列是没有规则的，而晶体粒子是有规则排列。液体的性质介于气体和固体之间。一方面，它像固体那样具有一定的体积，不易压缩；另一方面，它又像气体那样，没有一定的形状，具有流动性。而且，在物理性质上也是各向同性的，液体的这种宏观特性是由它的微观结构决定的。

一、液体的微观结构

1. 液体分子的排列
（1）分子排列是紧密的，但比固体松散。
（2）分子排列有短程有序、长程无序的特点。用伦琴射线研究发现，液体分子在很小范围内（几个分子直径线度）在一个短暂的时间内排列保持一定的规则性，不像晶体那样在很大的范围内排列都是有规则的。
（3）分子间相互作用力大，与固体同数量级。
2. 热运动
液体分子的**热运动**主要是在平衡位置附近作微小振动；液体分子不会长时间在一个固定的平衡位置上振动，仅仅能保持一个短暂时间。
（1）热运动与温度有关。温度越高，分子运动越激烈，热运动的能量越大。
（2）定居时间：液体分子在各个平衡位置振动的时间长短不一，但在一定的温度及压强下，各种液体都有其一定的平均值，叫做定居时间，用 τ 表示。定居时间比分子在平衡位置附近的振动周期长很多。

定居时间的大小既体现了分子力的作用，又体现了热运动的作用。分子排列越紧密，分子间的相互作用就越大，分子就越不容易移动，因而 τ 就越大；温度升高，分子热运动能量增大，则 τ 就减小。

二、液晶

某些有机化合物在加热时，并不直接由固态变为液态，而是要经过一个或几个介于固态与液态之间的过渡状态，这种处在过渡状态的物质称为**液晶**。液晶的存在局限于一定的温度范围，即液晶的温度 T 必须满足：$T_1 < T < T_2$，T_1 是下限，称为熔点，T_2 是上限，称为清亮点。温度 $T < T_1$ 时为普通晶体，温度 $T > T_2$ 时为各向同性的液体。

1. 液晶的性质

液晶的力学性质像是液体，具有液体的流动性；光学性质像晶体，具有晶体的光学各向异性。

2. 液晶的分类

根据分子的不同排列情况，液晶可分为下列三种类型。

（1）向列型液晶。向列型液晶如图 8−1 所示，分子呈棒状，分子排列方式很像一把筷子，分子沿上下方向排列整齐，但沿前后左右排列可以变动，不规则。加电压可以有动态散射现象，可以制作各种显示器件，如仪器上数码文字和图像的显示，电控亮度玻璃窗等。向列型液晶材料一般是人工合成的有机物质。

（2）胆甾型液晶。胆甾型液晶如图 8−2 所示，它包含许多层分子，每层分子的排列方向相同，但相邻两层分子的排列方向稍有旋转，夹角约为 15°，这样层层地叠起来形成螺旋结构。这种液晶有显著的温度效应，随温度变化有选择性的反射光，可探测微电子学中的热点（短路处）检查致冷机的漏热问题，诊断疾病，探查肿瘤，探测金属材料和零件的缺陷。

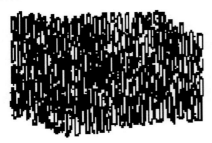

图 8−1 向列型液晶

图 8−2 胆甾型液晶

（3）近晶型液晶。近晶型液晶如图 8−3 所示，分子呈棒状，排列成层，各层之间的距离可以移动，但分子不会往来于层间，只能在本层间移动，有序程度和晶体相近，故称为近晶型。

图 8−3 近晶型液晶

液晶是在 1881 年由奥地利植物学家——莱尼茨尔在将胆甾醇苯酸酯晶体加热到 145.5～178.5℃时发现的。1968 年人们发现了双折射引起干涉条纹以及动态散射现象后应用就广泛起来了。液晶对各种外界因素（如热、电、磁、光、声、应力、气氛、辐射等）很敏感，因而液晶有电光效应、磁效应、光生伏特效应、超声效应、应力效应、物理化学效应、辐照效应。

第二节　液体的彻体性质

一、热容量

实验表明，固体熔解前后，固体的热容量与液体的热容量相差很少。这是由于液体和固体内部热运动的情况相近，而液体和气体内部热运动的情况则相差较大，因此可以知道液体中分子的热运动主要形式是热振动。

但与固体比较，液体的定压热容量和定容热容量的差异较大，这是由于液体的热膨胀系数比固体热膨胀系数大。

二、热膨胀

温度升高时液体体积增大的现象称为热膨胀。

1. 热膨胀形成的原因

（1）分子间引力及斥力的不对称（与固体热膨胀原因相同）。

（2）液体内部孔隙的出现，孔隙使液体具有海绵的特点。

2. 热膨胀规律

在温度改变量 Δt 不大时，体积的相对增加了量 $\dfrac{\Delta V}{V}$ 和 Δt 成正比，即

$$\frac{\Delta V}{V} = \beta \Delta t \tag{8-1}$$

式中　β——液体的热膨胀系数，随温度的升高而增大，随压强的增大而减小。

三、热传导

液体的热传导机制是靠热振动之间的相互联系，将热运动能量逐层传递的，与固体的热传导机制相似。由于液体的热传导系数较固体的小很多，所以由这种机构所传递的热量是很小的。所以在需要加速热交换时要利用对流现象。

四、扩散

实验结果表明，液体中物质的扩散系数比固体中稍大，液体分子的热运动情况和固体粒子热运动情况相似，扩散机构也相似，自扩散系数为

$$D = \frac{1}{6} \frac{\delta^2}{\tau} \tag{8-2}$$

式中　τ——定居时间；

δ——两相邻平衡位置间平均距离。

定居时间 τ 和温度 T 之间的关系近似为

$$\tau = \tau_0 e^{-\frac{\Delta W}{kT}}$$

式中　τ_0——分子在平衡位置振动的周期；

ΔW——分子从一个平衡位置转向另一个平衡位置时的激活能。

自扩散系数为

$$D = \frac{1}{6}\frac{\delta^2}{\tau_0}e^{-\frac{\Delta W}{kT}} = D_0 e^{-\frac{\Delta W}{kT}} \tag{8-3}$$

D_0 与温度无关。可见，自扩散系数随温度的升高而迅速增加。这一点与实验结果完全符合。

由于液体的扩散系数很小，扩散过程缓慢，因而没有搅动或对流时，液体浓度不容易趋向均匀。

五、黏性

在液体的情形下，温度越低，黏滞系数越大，而且随着温度的降低黏滞系数近似地按指数规律增大。

液体黏滞系数的特点是由液体中热运动的特点所引起的。分子改变平衡位置的次数越少，液体的流动性就越小，而黏滞系数就越大，即定居时间 τ 越大，液体的黏滞系数 η 就越大。液体黏滞系数和定居时间成正比。

因 $\tau = \tau_0 e^{-\frac{\Delta W}{kT}}$，所以有

$$\eta = \eta_0 e^{\frac{\Delta W}{kT}} \tag{8-4}$$

式中　η_0——与温度无关的系数。

对于液体的黏性系数，还有一经验公式

$$\eta = \frac{c}{(a+t)^n} \tag{8-5}$$

式中　a，c，n——常数，对于不同种液体有不同数值。

第三节　液体的表面性质

一、表面张力及表面能

1. 表面张力

类似于固体内部的拉伸应力，液体表面层内分子力相互作用使液体表面具有收缩倾向的一种力称为表面张力。表面张力的大小可用表面张力系数 α 描述。

2. 表面张力系数 α 几种定义

定义一：单位长度直线两旁液面的相互拉力。以 f 表示线段 L（设想在液面上作一长为 L 的直线）两边液面的拉力，

$$\alpha = \frac{f}{L} \tag{8-6}$$

定义二：数值上等于增加单位表面积时外力所做的功。

表面张力如图 8 - 4 所示，要使 BC 边保持不动，必须加一力 F 与表面张力平衡，则

$$F = 2\alpha L$$

所做的功

$$\Delta A = F\Delta x = 2\alpha L \cdot \Delta x = \alpha \Delta S$$

所以

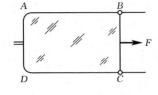

图 8 - 4　表面张力

$$\alpha = \frac{\Delta A}{\Delta S} \tag{8-7}$$

定义三：数值上等于增加单位表面积时所增加的表面能。表面能是在等温条件下转化为机械能的表面内能。

由于外力 F 所做的功完全用于克服表面张力而转变为液膜表面能 E，即

$$\Delta E = \Delta A = \alpha \Delta S$$

所以

$$\alpha = \frac{\Delta E}{\Delta S} \tag{8-8}$$

3. 关于表面张力系数的说明

不同种液体表面张力系数各不相同。

（1）表面张力系数与液体的成分有关，密度小的、容易蒸发的液体表面张力系数小。

（2）表面张力系数与温度有关，温度升高，表面张力系数减小。实验表明，表面张力系数与温度的关系近似地为一线性。

（3）表面张力系数与相邻物质的化学性质有关。

（4）表面张力系数与杂质有关，加入杂质能显著改变液体的表面张力系数。能使表面张力系数减小的物质称为表面活性物质。例如肥皂是最常见的表面活性物质。

二、表面层内分子力的作用

从微观的角度看来，液体表面并不是一个几何面，而是有一定厚度的薄层，称为表面层。表面层的厚度等于分子引力的有效作用距离 S。

液体分子间的相互作用力可分为引应力和斥应力。在液体内部，引应力和斥应力的大小都和所取的截面方位无关。而在表面层内排斥力的有效作用距离很短，可以认为是分子在接触时才起作用，因而除液体的极表面以外，表面层中其他各点处的斥应力，其大小仍与所取截面的方位无关。

而对于引应力来说，情况则不一样。球内的引应力如图 8 - 5 所示，半径为 S 的球内所有分子都能与 O 点处分子有引力相互作用，方向也各不相同，即表面层内引应力的大小与所取截面的方位有关，方向也不一定与截面垂直。

表面张力就是由表面层中引应力的这种各向异性所引起的。表面层中分子和内部分子相比，缺少了一些能吸引它的分子（图中画斜线的部分），则由引力所引起的负势能少了一些，即势能高了一些。表面越大，在表面层中的分子数就越多，整个表面层的势能就越大。液体表面增大时，表面层的势能就要增大，反之就要减小。由于势能问题有减小的倾

向，因此表面就有收缩的趋势，从而说明表面上存在张力。从微观看来，表面自由能就是在等温条件下表面层中所有分子的势能。

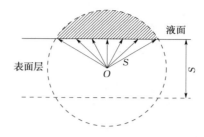

图 8-5　球内的引应力

三、球形液面内外的压强差

在液滴以及固体与液体接触的地方，液面都是弯曲的。在某些情况下可能是凸液面，在另一种情况下可能是凹液面。由于表面张力的存在，液面内和液面外有一压强差，称为**附加压强**。在凸面的情形下附加压强是正的，即液面内部的压强大于液面外部的压强；在凹面的情形下，附加压强是负的，即液面内部的压强小于液面外部的压强。

球形液面的压强如图 8-6 所示，设在液面处隔离出一球帽状小液块，其受力情况为：通过小液块的边线作用在液块上的表面张力；由附加压强引起的通过底面作用于液块的力 $P\pi r^2$；重力可以忽略。当小液块处于平衡时则所受合力为 0。

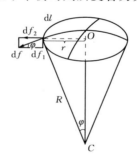

图 8-6　球形液面的压强

作用于 $\mathrm{d}l$ 的表面张力：

$$\mathrm{d}f = \alpha\mathrm{d}l$$

垂直于底面的分力：

$$\mathrm{d}f_1 = \mathrm{d}f\sin\varphi = \alpha\mathrm{d}l\sin\varphi$$

平行于底面的分力：

$$\mathrm{d}f_2 = \mathrm{d}f\cos\varphi = \alpha\mathrm{d}l\cos\varphi$$

$$f_1 = \int\mathrm{d}f_1 = \int\alpha\mathrm{d}l\sin\varphi = \alpha\sin\varphi\int\mathrm{d}l = \alpha\sin\varphi \cdot 2\pi r$$

$$= 2\pi r^2\alpha/R \quad (\sin\varphi = r/R)$$

根据平衡条件

$$f_1 = P\pi r^2$$

所以

$$P = \frac{2\alpha}{R} \qquad (8-9)$$

表面张力系数越大，球面的半径越小，附加压强就越大。若液面为凹面，则式（8-9）多一负号

$$P = -\frac{2\alpha}{R} \qquad (8-10)$$

四、液面与固体接触处的表面现象

一小滴水银在玻璃上总是近似成球形，能在玻璃上滚动而不附着在上面，这是由于水银不润湿玻璃。在无油脂的玻璃板上放一滴水，水不仅不收缩成球形而且要沿着玻璃向外扩展并附着在玻璃上，这是由于水润湿玻璃。润湿和不润湿现象就是液体和固体接触处的表面现象，是决定于固体和液体的性质，是由固、液分子间的相互吸引力（附着力）大于或是小于液、液分子间引力（内聚力）这种因素决定的。

从能量观点，考虑附着层中的一个分子 A 的受力情况，在内聚力大于附着力的情况下（图 8-7），A 分子受到的合力垂直于附着层指向液体内部，这时要将一个分子从液体内部移到附着层必须反抗合力做功，使附着层中势能增大，因为势能总是有减小的倾向，因此附着层就有缩小的趋势，从而使液体不能润湿固体。反之在附着力大于内聚力的情况下，液体分子要尽量挤入附着层，结果使附着层扩展，从而使液体润湿固体。在液体与固体接触处，作液体表面的切线与固体表面的切线，这两条切线通过液体内部所成的角度称为**接触角**，此角为锐角时，液体润湿固体，此角为 0° 时，液体将展延在全部固体表面上，这叫**完全润湿固体**，此角为钝角时液体不润湿固体，此角为 180°时，叫做**液体完全不润湿固体**。

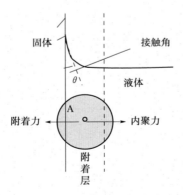

图 8-7 表面现象

润湿和不润湿在工业上有很大的应用。例如在浮选矿石时和在制备金属陶瓷时都会用到。

五、毛细现象

润湿管壁的液体在细管里升高，而不润湿管壁的液体在细管里降低的现象，称为毛细

现象。能够发生毛细现象的管子叫毛细管，如纸张、灯芯、纱布、土壤以及植物的根茎都具有毛细现象，是由表面张力和接触角所决定的。

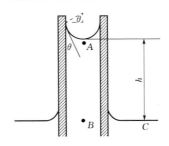

图 8-8　毛细现象

研究液体润湿管壁的情况。设细管截面为圆形，则凹面可以近似看作半径为 R 的球面，α 是张力系数，h 是 B 点与 A 点的高度差，r 是毛细管的半径，θ 是接触角，毛细现象如图 8-8 所示，A 点压强为

$$P_A = P_0 - \frac{2\alpha}{R}$$

B 点压强为

$$P_B = P_A + \rho g h = P_0 - \frac{2\alpha}{R} + \rho g h$$

B 与 C 同一高度，C 点压强等于大气压强，所以有

$$P_B = P_0 - \frac{2\alpha}{R} + \rho g h = P_0$$

又

$$\frac{2\alpha}{R} = \rho g h$$

$$R = \frac{r}{\cos\theta}$$

可得

$$h = \frac{2\alpha\cos\theta}{\rho g r} \tag{8-11}$$

毛细管中液面的上升高度与表面张力系数成正比，与毛细管的半径成反比。管子越细，液面上升就越高。利用这一关系可准确测定液体的表面张力系数。若接触角为钝角，则得出的 h 为负，表明管中的液体不是上升，而是下降。

毛细现象的规律在石油开采、农业生产保持土壤水分、以及生理学中都有应用。

思　考　题

8-1　说明液体分子的排列情况和热运动情况。

8-2　液晶的特点是什么？它有哪几种类型？各自有什么特点和应用？

8-3　热膨胀形成的原因是什么？液体的热膨胀系数与温度和压强分别有什么关系？

8-4 关于表面张力系数的说明。

8-5 何谓接触角？何谓湿润与不湿润？从微观上加以说明。

8-6 为什么粗管不存在毛细现象？

习 题

8-1 在 $20km^2$ 的湖面上，下了一场 50mm 的大雨，雨滴的半径 $r=1.0mm$。设温度不变，求释放出来的能量。

8-2 在深为 2.0m 的水池底部产生许多直径为 $5.0×10^{-5}m$ 的气泡，当它们等温地上升到水面上时，这些气泡的直径是多大？设水的表面张力系数为 $0.073N·m^{-1}$。

8-3 一球形泡，直径等于 $1.0×10^{-5}$，刚处在水面下，如水面上的气压为 $1.0×10^5N·m^{-2}$，求泡内压强。已知水的表面张力系数 $\alpha=7.3×10^{-2}N·m^{-1}$。

8-4 一个半径为 $1.0×10^{-2}m$ 的球形泡，在压强为 $1.0136×10^5N·m^{-2}$ 的大气中吹成。如泡膜的表面张力系数 $\alpha=5.0×10^{-2}N·m^{-1}$，问周围的大气压强多大，才可使泡的半径增为 $2.0×10^{-2}m$？设这种变化是在等温情况下进行的。

8-5 将少量水银放在两块水平的平玻璃板间。问什么负荷加在上板时，能使两板间的水银厚度处处都等于 $1.0×10^{-3}m^2$？设水银的表面张力系数 $\alpha=0.45N·m^{-1}$。水银与玻璃的角度 $\theta=135°$。

8-6 在内径 $R_1=2.0×10^{-3}m$ 的玻璃管中，插入一半径 $R_2=1.5×10^{-3}m$ 的玻璃棒，$P=0.950×10^5N·m^{-2}$ 棒与管壁间的距离到处一样，求水在管中上升的高度。已知水的密度 $\rho=1.00×10^{-3}kg·m^{-3}$，表面张力系数 $\alpha=7.3×10^{-2}N·m^{-1}$，与玻璃的接触角为零。

8-7 玻璃管的内径 $d=2.0×10^{-5}m$，长 $L=0.20m$，垂直插入水中，管的上端是封闭的。问插入水面下的那一段长度应为多少，才能使管内外水面一样高？已知大气压 $P_0=1.013×10^5N·m^{-2}$，水的表面张力系数 $\alpha=7.3×10^{-2}N·m^{-1}$，水与玻璃的接触角 $\theta=0°$。

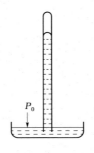

图 8-9 题 8-7 图

8-8 将一充满水银的气压计下端浸在一个广阔的盛水银的容器中，其读数 $P=0.950×10^5 N/m^2$。

(1) 求水银柱的高度 h。

(2) 考虑到毛细现象后，真正的大气压强 P_0 有多大？已知毛细管的直径 $d=2.0×$

10^{-3}m，接触角 $\theta=\pi$，水银的表面张力系数 $\sigma=0.49$N·m^{-1}。

（3）若允许误差 0.1%，试求毛细管直径所能允许的最小值。

8-9 一均匀玻璃管的内径 $d=4.0\times10^{-4}$m，长 $L_0=0.20$m，水平地浸在水银中，其中空气全部留在管中，如果管子浸在深度 $h=0.15$m 处，问管中空气柱的长度 L 等于多少？已知大气压强 $P_0=76$cmHg，水银的表面张力系数 $\alpha=0.49$N·m^{-1}。与玻璃的接触角 $\theta=\pi$。

第九章　相　　变

本章讨论物质的固、液、气这三种不同聚集态之间相互转变的条件、规律及其应用，其中着重论述物态转变，掌握物态变化的一般概念及规律。

(1) 掌握单元系一级相变的普遍特征。
(2) 掌握气液相变的规律，掌握等温相变和气液二相图。
(3) 掌握克拉珀龙方程，掌握范德瓦尔斯等温线。
(4) 掌握固液相变、固气相变的规律，掌握三相图。

第一节　相变　单元系一级相变的普遍特征

自然界中许多物质都是以固、液、气三种聚集态存在着，它们在一定的条件下可以平衡共存，也可以互相转变。

一、相变

在没有外力作用下，物理和化学性质完全均匀的状态称为相。它和其他部分之间有一定的分界面隔离。例如常见的气体只有一个相，常见的液体也只有一个相，但是，能呈液晶的纯液体有两个相：液相、液晶相。低温下的液氦有两个相：氦 I、氦 II。常见的固体有多个相，例如碳有三个相、冰有七个相、铁有四个相等。如冰和水组成的系统，冰是一个相，水也是一个相，共有两相。酒精可以溶解于水，水和酒精的混合物只是一个相。

不同相之间的相互转变称为相变。例如汽化，物质从液态变为气态的过程；蒸发，发生在任何温度下的液体表面的汽化现象；凝结，物质由蒸汽变为液体的过程等。相变过程也就是物质结构发生突然变化的过程。

二、单元系一级相变的普遍特征

含有两种或两种以上化学组分的系统叫做多元系。例如酒精和水的混合物是二元系。含有一种化学组分的系统叫做单元系。如冰和水组成的系统虽有两个相，但只一种化学成分不同的物质，叫单元复相系。例如纯金属是单元系，合金是多元系。

物质的相变通常是由温度变化引起的。即在一定的压强下，相变是在一定的温度下发生的。对于单元系固、液、气三相的相互转变来说，相变时体积要发生变化。例如在一个大气压下，1kg 水沸腾而变成蒸汽时，体积由 $1.043 \times 10^{-3} \mathrm{m}^3$ 变为 $1.673 \mathrm{m}^3$。在单元系固、液、气三相的相互转变过程中还要吸收或放出大量的热量，这种热量称为相变潜热。例如在一个大气压下，100℃的水变成同温度的水汽时，每千克物质需吸收热 22.60kJ。

单元系固、液、气三相相互转变过程具有两个特点，即相变时体积要发生变化并伴有相变潜热。凡具有这两个特点的相变都称为一级相变。

在相变时体积不发生变化，也没有相变潜热，只是热容量、热膨胀系数、等温压缩系数这三者发生突变，这类相变称为二级相变。如铁磁性物质在温度升高时转变为顺磁性物质就是二级相变。

1. 相变时的体积变化

（1）在液相转变为气相时，气相的体积总是大于液相的体积。

（2）在固相转变为液相时，对大多数物质来说，熔解时体积要增大，但有少数物质在熔解时体积反而减小，例如水、铋、灰铸铁等。如烧铸钢锭时要使钢水的体积稍多一点以补偿凝固时的收缩。冬季露在外面的水管，要采用妥善的保温措施，不然结冰时由于体积的膨胀会膨裂水管。

2. 相变潜热

设 u_1 和 u_2 分别表示 1 相和 2 相单位质量的内能，v_1 和 v_2 分别表示 1 相和 2 相的比容，即单位质量的体积，根据热力学第一定律，单位质量物质由 1 相转变为 2 相时，所吸收的相变潜热等于内能的增量 u_2-u_1 加上克服恒定的外部压强 P 所做的功 $P(v_2-v_1)$，即

$$l=(u_2-u_1)+P(v_2-v_1) \tag{9-1}$$

式中　u_2-u_1——两相的内能之差，称为内潜热；

$P(v_2-v_1)$——相变时克服外部压强所做的功，称为外潜热。

用 h_1 和 h_2 分别表示 1 相和 2 相单位质量的焓，则用焓表示的相变潜热公式为

$$l=h_2-h_1 \tag{9-2}$$

【例 9-1】　在外界压强 $P=1\text{atm}$ 时，水的沸点为 $100℃$，这时汽化热为 $l=2.26\times10^6\text{J/kg}$。已知这时水蒸气的比容 $v_2=1.673\text{m}^3/\text{kg}$，水的比容为 $1.04\times10^{-3}\text{m}^3/\text{kg}$，求内潜热和外潜热。

【解】　外潜热为

$$P(v_2-v_1)=1.013\times10^5\times(1.673-0.001)\text{J/kg}$$
$$=1.69\times10^5\text{J/kg}$$

内潜热为

$$u_2-u_1=l-P(v_2-v_1)=2.09\times10^6\text{J/kg}$$

第二节　气　液　相　变

一、蒸发与凝结

凝结：物质由气相转变为液相的过程。

汽化：物质由液相转变为气相的过程。

汽化热：1kg 液体汽化时所需吸收的热量。汽化热与汽化时的温度有关，温度升高时汽化热减小。

液体的汽化有蒸发和沸腾两种不同的形式。

蒸发是发生在液体表面的汽化过程，任何温度下都在进行。

沸腾是在整个液体内部发生的汽化过程，只有在沸点下才能进行。

1. 蒸发的微观物理机制

从微观上看，蒸发是液体分子从液面跑出的过程。一方面分子从液面跑出时需克服表面层液体分子做功，所以能够跑出液面的分子只有热运动动能较大的分子。若液体不从外界补充能量，蒸发的结果将使液体变冷；另一方面，蒸汽分子不断地返回液体中凝结成液体。液体蒸发的数量实际上是液体分子跑出液面的数目，减去蒸汽分子进入液面的数目。

2. 影响蒸发的因素

（1）表面积：表面积越大，蒸发就越快。

（2）温度：温度越高蒸发也越快。

（3）通风：液面上通风情况越好，蒸发越快。

二、饱和蒸汽压

若液体处于密闭容器中，随着蒸发过程的进行，容器内蒸汽的密度不断增大，当单位时间内离开液面的气体分子数目与返回液面的气体分子数目相等时，宏观上蒸发现象就停止了。此时，与液体保持动态平衡的蒸汽叫做饱和蒸汽，它的压强称为饱和蒸汽压。容易蒸发的液体饱和蒸气压大，不易蒸发的液体饱和蒸汽压小。

饱和蒸汽压的大小与液体是否容易蒸发、温度高低、液面的形状等有关，与体积无关，与是否存在其他气体无关。若没有足够的凝结核或凝结核过小，即使蒸汽压强超过该温度下的饱和蒸汽压，液滴仍不能形成并长大，因而出现过饱和现象，这样的蒸汽称为过饱和蒸汽压，或过冷蒸汽。带电的粒子和离子都是很好的凝结核，静电引力使蒸汽分子聚在这些凝结核周围而形成液滴。

暖云为大小水滴共存状态。冷云由冰晶组成。混合云由冰晶和水滴组成。

人工降雨：在不降水的冷云或混合云中，用降温和引入凝结核两种办法，例如将干冰（固态二氧化碳）引入云中，就可以用降温的方法在云中形成大量冰晶，而将碘化银粉末引入云中就可以作为凝结核而产生大量冰晶。对不降水的暖云，要人工降水，常用小水滴或饱和含盐水作为凝结核。

三、沸腾

在一定压强下，加热液体达某一温度时，液体内部和器壁上涌现出大量的气泡，整个液体上下翻滚剧烈汽化的现象叫沸腾。相应的温度称为沸点。各种液体具有不同的沸点，压强越大沸点超高。

液体的沸腾条件：饱和蒸汽压和外界压强相等。

下面定性分析小气泡的平衡条件。

液体的内部和器壁上，都有很多小的气泡。气泡内部的蒸汽，由于液体的不断蒸发，总是处在饱和状态，其压强为饱和蒸汽压 P_0，随着温度的升高，P_0 不断增大，从而使气泡不断胀大。当 P_0 等于外界压强 P 时，气泡则不能保持平衡，此时气泡将骤然胀大，并在浮力的作用下迅速上升，到液面时破裂出现沸腾现象。

久经煮沸的液体因缺乏汽化核，致使被加热到沸点以上温度时仍不能沸腾，这种液体称为过热液体。当过热液体继续加热而使温度大大高于沸点时，极小气泡中的饱和蒸汽压迅速增大使气泡膨胀非常之快，甚至发生爆炸而将容器打破，这叫做暴沸。

利用过热液体显示带电粒子运动轨迹的仪器叫气泡室，在科学研究中有很重要的作用。

四、等温相变

将一定量的二氧化碳气体等温压缩，压缩的过程中压强和体积的关系曲线称为等温线，如图 9-1 所示

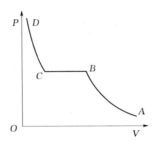

图 9-1 二氧化碳气体压缩等温线

AB 段：液化以前气体的等温压缩过程，压强随体积的减小而增大，继续压缩时出现液体。*BC* 段：液化过程。该过程每一状态都是气液两相平衡共存的状态。此时的压强为这一温度下的饱和蒸汽压。*C* 点为气体全部液化时的状态。*CD* 段：液体的等温压缩过程。这就是用等温压缩的方法使气体液化的例子。

实验测得的各种不同温度的等温线如图 9-2 所示。温度越高，饱和蒸气压越大，图中气液相变的水平线就越上移。

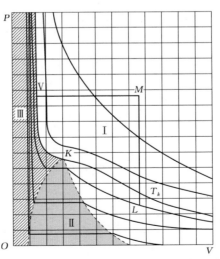

图 9-2 实验测得的各种不同温度的等温线

随着温度的升高，液体的比容越接近气体的比容，则图 9-1 中的水平线越短，*B*、*C*

两点越靠拢。当温度到达某一值时水平线消失，B、C两点重合，该温度称为临界温度T_k，相应的等温线称为**临界等温线**。当温度高于临界温度时等温压缩过程不会出现气液两相平衡共存的状态，这时无论压强多大，气体都不会液化。许多物质的临界温度高于或接近于室温，在常温下就可使之液化。

在图$9-2$中，临界等温线上的拐点K称为临界点。临界点的压强和体积称为临界压强和临界体积。

五、气液二相图

以$P-T$图表示气液两相存在的区域比$P-V$图方便。两相平衡共存的区域在$P-T$图中对应着一条曲线OK，称为汽化曲线。$P-T$图如图$9-3$所示。

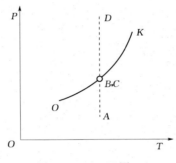

图$9-3$　$P-T$图

汽化曲线的左方表示液相存在的区域，右方表示气相存在的区域，曲线上的点就是两相平衡共存的区域。汽化曲线是液态和气态的分界线。表示气液两相存在区域的$P-T$图称为气液两相图。临界点K为汽化曲线的终点。K点以上不存在两相平衡共存的状态。始点O以下气相只能与固相平衡共存。

第三节　克拉伯龙方程

一、克拉伯龙方程

两相平衡时的温度T和压强P存在着函数关系，该函数关系可用$P-T$曲线表示。曲线上的点对应的压强和温度表示两相平衡共存时的压强和温度。

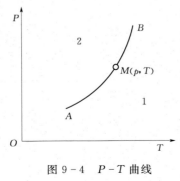

图$9-4$　$P-T$曲线

$P-T$曲线如图$9-4$所示，在汽化情况下为气相和液相平衡共存时的压强和温度，AB为汽化曲线。AB上每一点的温度T和该点压强P下的沸点对应，温度低于沸点时，只存在液相。在熔解情况下，曲线上每一点的温度T和该点压强P下熔点对应。AB表示熔解曲线。

由热力学第二定律可以求出相平衡曲线的斜率dP/dT。设一定量的物质做微小的可逆卡诺循环，曲线图如图$9-5$所示。

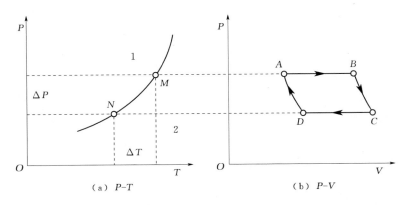

图 9-5 曲线图

设单位质量的相变潜热为 l，则在这一微小的可逆卡诺循环中，由高温热源吸收的热量为

$$Q_1 = ml$$

设 1 相的比容为 v_1，2 相的比容为 v_2，则在相变过程中所增加的体积为 $m(v_2 - v_1)$。循环过程中对外界所做的功为

$$A = m(v_2 - v_1) \cdot \Delta P$$

循环的效率

$$\eta = \frac{A}{Q_1} = \frac{m(v_2 - v_1) \cdot \Delta P}{ml} = \frac{(v_2 - v_1) \cdot \Delta P}{l}$$

由卡诺定理有

$$\eta = 1 - \frac{T - \Delta T}{T} = \frac{\Delta T}{T} = \frac{(v_2 - v_1) \cdot \Delta P}{l}$$

所以

$$\Delta T \rightarrow 0, \frac{dP}{dT} = \frac{l}{T(v_2 - v_1)} \tag{9-3}$$

式（9-3）称为克拉伯龙方程。

二、沸点与压强的关系

由于液相变为气相时要吸热，且气相的比容大于液相的比容，根据克拉伯龙方程有 $\frac{dP}{dT} > 0$。

即沸点随压强的增加而升高，随压强的减小而降低。

大气压随高度的增加而减小，则水的沸点随着海拔高度的增加而降低（实例为高原地区食物不易煮熟）。

利用 $P-T$ 图的相平衡曲线，可从测量水的沸点来测得当地的大气压，根据大气压随高度的变化规律可间接测量当地的海拔高度。

三、熔点与压强的关系

固相转变为液相时要吸热，所以 $l > 0$，根据克拉伯龙方程可知

$$v_2 > v_1, \quad \frac{dP}{dT} > 0$$

$$v_2 < v_1, \quad \frac{\mathrm{d}P}{\mathrm{d}T} < 0$$

也就是说，若溶解时体积膨胀，则熔点随压强的增加而升高；若溶解时体积减小，则熔点随压强的增加而降低。

【**例 9 – 2**】水从温度 99℃ 升高到 101℃ 时，饱和蒸汽压从 733.7mmHg 增大到 788.0mmHg。假定这时水蒸气可看作理想气体，求 100℃ 时水的汽化热。

【**解**】 由克拉伯龙方程得

$$l = T \frac{\mathrm{d}p}{\mathrm{d}T}(v_2 - v_1)$$

因为 100℃ 比水的临界温度 374℃ 小很多，则 $v_2 \gg v_1$。

将水蒸气看作理想气体，对 1mol 水蒸气有

$$v_2 = \frac{RT}{P}$$

所以
$$l = T \frac{\mathrm{d}P}{\mathrm{d}T}(v_2 - v_1) \approx T \frac{\mathrm{d}P}{\mathrm{d}T} v_2 = \frac{RT^2}{P} \frac{\mathrm{d}P}{\mathrm{d}T}$$

代入数值，计算得：$l = 2.29 \times 106 \mathrm{J/kg}$。

第四节 范德瓦尔斯等温线 对比物态方程

一、范德瓦尔斯等温线

考虑分子力作用的范德瓦尔斯方程，不仅能比理想气体状态方程更好地描述实际气体的状态，还能在一定程度上描述液体的状态和气液相变的某些特点。

根据范德瓦尔斯方程 $\left(P + \frac{a}{v^2}\right)(v - b) = RT$，可得出一条范德瓦尔斯等温线，如图 9 – 6 所示。图 9 – 6 中 AB 段表示未饱和的蒸气，CD 段表示相当于液体，AB 段和 CD 段与我们上面讲的实际等温线是一致的，因此，范德瓦尔斯等温线在一定的程度上描述了液体的状态。范德瓦尔斯等温线与实际等温线的差别在于：实际等温线中，BC 段是直线，双相平行共有，逐渐完成相变。范德瓦尔斯等温线中，BC 段是曲线。

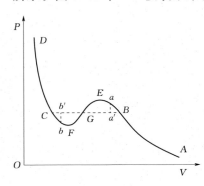

图 9 – 6 范德瓦尔斯等温线

在 FGE 这一段中。体积增大压强也增大，体积减小压强减小，因而内外压强稍有偏差，就会使偏差越来越大，就像平衡于针尖上的物体一样，因此这种状况实际是不存在的。但是整个线段是连续的。这就好像可以不经过双相共存而直接连续成液相，由于 FGH 不可能实现，所以单相连续相变 BEGFC 也是不可能。这是由于范德瓦尔斯在处理分子间相互作用力时过于简化带来的麻烦，但并没有完全失败。BE 段连着 AB 段。居于汽相，但气压高于实际饱和蒸汽压 BC 段，所以这实际上是过饱和蒸汽的状态，同理 CF 段是过热液体，

BE 段表示凝结核，CF 段则缺少气泡。这两段的情况都是实际存在的，只不过这两种情况不像双相共存那么稳定，称之为亚稳态，这是范德瓦尔斯等温线的成功之处。

将 $P = \dfrac{RT}{v-b} - \dfrac{a}{v^2}$ 对 v 求导。取极值的条件是 $\mathrm{d}P/\mathrm{d}v = 0$，则有

$$-RTv^3 + 2a(v-b)^2 = 0$$

这是一个三次方程，有三个根。但只有两个根对应于极值点，一个值是拐点。我们可以定性作出范德瓦尔斯等温线，并对极值点和拐点的物理意义作出分析。

当温度升高到一定程度时，等温线上的极大 E 与极小 F 合而为一，等温线出现拐点 K，则此时的等温线称为临界等温线，对应的温度为临界温度，拐点 K 为临界点，那么此时拐点的状态就是临界态。

在临界点 K，有

$$\left(\frac{\partial P}{\partial v}\right)_{T=T_k} = -\frac{RT_k}{(v_k-b)^2} + \frac{2a}{v_k^3} = 0$$

$$\left(\frac{\partial^2 P}{\partial v^2}\right)_{T=T_k} = \frac{2RT_k}{(v_k-b)^3} - \frac{6a}{v_k^4} = 0$$

计算后整理得临界参数

$$T_k = \frac{8a}{27bR}, \ v_k = 3b, \ P_k = \frac{a}{27b} \tag{9-4}$$

由此可见，范氏方程式中的常数 a，b 可以确定 K 点的有关态参量，这是临界点的又一实际意义。

二、对比物态方程

状态参量与临界参量的比值 $\pi = P/P_k$，$\omega = v/v_k$，$\tau = T/T_k$ 分别称为对比压强、对比体积和对比温度。代入范德瓦尔斯方程，得

$$\left(\pi P_k + \frac{a}{\omega^2 v_k^2}\right)(\omega v_k - b) = R\tau T_k$$

将临界点的状态参量的值代入上式得

$$\left(\pi \frac{a}{27b^2} + \frac{a}{\omega^2 9b^2}\right)(\omega 3b - b) = R\tau \frac{8a}{27bR}$$

整理得对比物态方程

$$\left(\pi + \frac{3}{\omega^2}\right)(3\omega - 1) = 8\tau \tag{9-5}$$

式（9-5）称为对比物态方程，适用于任何气体。可以看出：一切物质在相同的对比压强 π 和对比温度 τ 下有相同的对比体积。此为对应态定理。只有对于化学性质相似而临界温度相差也不很大的物质，对应态定理才具有很高的精确度，一般情况下，与实际情形是有偏离的。

不同物质 τ、ω 和 π 都相同的状态，称为对应态。处于对应态的各种物质，许多性质（如压缩模量、热膨胀系数、黏滞系数、折射率等）都具有简单的关系，因此可以不用实验而能相当精确地确定物质的某些性质。这种方法在物理化学中广泛应用。

第五节　固液相变

一、熔化和熔化热

物质从固相转变为液相的过程称为熔化；从液相转变为固相的过程称为结晶或凝固。

在一定的压强下，晶体要升高到一定的温度才熔解，这个温度称为熔点。在熔解过程中温度保持不变，熔解 1kg 的晶体所吸收的热量称为熔解热。

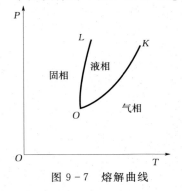

图 9-7　熔解曲线

对晶体来说，熔解是粒子由规则排列转向不规则排列的过程，实质上是由远程有序转为远程无序的过程。熔解热是破坏点阵结构所需的能量，因此熔解热可以用来衡量晶体中结合能的大小。

在熔点时固液两相平衡共存，低于熔点时物质以固相存在，高于熔点量则以液相存在。熔点与压强的关系曲线称为熔解曲线，熔解曲线如图 9-7 所示。OL 的左方是固相存在的区域，OL 与 OK 之间是液相存在的区域。OL 与 OK 的交点 O 称为三相点，为三相平衡共存的点。

熔解时，物质的物理性质要发生显著的变化。其中最重要的是体积变化、饱和蒸气压变化等。

熔解曲线的斜率也决定于克拉伯龙方程。由于液体的比容与固体的比容差别不大，因此熔点随压强的改变并不显著。对大多数物质，熔解时体积要膨胀，熔解曲线的斜率为正，即熔点随着压强的增大而升高。

二、结晶

晶体的熔液凝固时形成晶体的过程称为结晶，结晶过程是无规则排列的原子形成空间点阵的过程。在结晶过程中，先由少数原子按一定的规律排列起来形成晶核，然后再围绕晶核生长成晶粒。结晶过程是生核和晶体生长的过程。生核是指在液体内部产生一些晶核，晶体生长指的是，围绕着晶核的原子继续按一定规律排列在上面，使晶体点阵发展长大。由于不同的晶面具有不同的单位表面能量，因此显露在晶体外表面的总是单位表面能量小的晶面。

第六节　固体相变　三相图

一、固气相变

1. 升华

物质从固相直接转变为气相的过程称为升华。物质从气相直接转变为固相的过程称为凝华。在压强比三相点压强低时，将固体加热，就能使固体直接转变成气体，发生升华现象。有些物质（碘化钾、干冰、樟脑等）在常温下，就有明显的升华现象（冬天晾干衣服、衣箱内的樟脑球变小）。

　　2. 升华热

　　使 1kg 的物质升华时所吸收的热量称为升华热，升华时粒子直接由点阵结构转变成气体分子，因而一方面要克服粒子间的结合力做功，另一方面要克服外界压强做功，所以它等于熔解热与汽化热之和。由于升华时要吸收大量的热量，因此固体的升华可用来制冷。干冰就是一种用途广泛的制冷剂。

　　3. 升华曲线

　　在升华情况下，固体上方的饱和蒸气压与温度的关系在 P–T 图上为升华曲线。升华曲线 OS 是固相与气相的分界线，如图 9–8 所示，曲线上的点是固气两相平衡共存的状态。升华曲线的斜率同样由克拉珀龙方程决定。

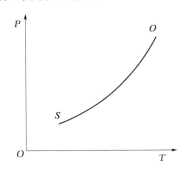

图 9–8　升华曲线

　　【例 9–3】　在三相点 O 处，水的汽化热为 $l_v = 607$kcal/kg，升华热为 $l_s = 687$kcal/kg，气相的比容为 $v_g = 2.1 \times 10^2 \text{m}^3/\text{kg}$，液相的比容 v_1 与固相的比容 v_s 比起 v_g 来都可以忽略不计。证明在三相点处，汽化曲线 OK 和升华曲线 OS 的斜率是不同的。

　　【证明】　汽化曲线 OK 在 O 点的斜率为

$$\frac{dP}{dT} = \frac{l_y}{T(v_g - v_1)} = \frac{607 \times 4.18 \times 10^3 \times 760}{273 \times 2.1 \times 10^2 \times 1.013 \times 10^5} \text{mmHg/K}$$

$$\approx 0.332 \text{mmHg/K}$$

　　升华曲线 OS 在 O 点的斜率为

$$\frac{dP}{dT} = \frac{l_s}{T(v_g - v_s)} = \frac{687 \times 4.18 \times 10^3 \times 760}{273 \times 2.1 \times 10^2 \times 1.013 \times 10^5} \text{mmHg/K}$$

$$= 0.376 \text{mmHg/K}$$

　　即证在三相点处，汽化曲线 OK 和升华曲线 OS 的斜率是不同的。

二、三相图

　　到目前为止，我们研究了所有形态的物质，尤其是对等温相做了较为仔细的讨论并陈述了六种一级相变，但他们之间的联系是必然存在的。首先，不论是哪种相变都可以在 P–T 图上表示出来，其次，任何物质都无一例外的可以进行这六种相变。那么对于某个确定的物质，这六种相变三条曲线就可以在 P–T 图上一次反映出来，从而将 P–T 图上定性合成了三个不同的物相区域，所以，这样的 P-T 图便称之为三相图，即根据汽化曲线、熔解曲线和升华曲线可知道固、液、气三相中任意两相平衡共存和相互转变的条件，也可得出固、液、气三相存在的区域。固、液、气三相图如图 9-9 所示。

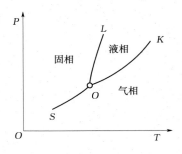

图 9-9　固、液、气三相图

汽化曲线 OK 是液气两相的分界线，熔解曲线 OL 是固液两相的分界线，升华曲线 OS 是固气两相的分界线。在 OL 与 OS 之间是固相存在的区域，OL 与 OK 之间是液相存在的区域，OS 与 OK 之间是气相存在的区域。三条曲线共同的交点 O，称为三相点，它对应于一个确定不变的温度和一个确定不变的压强，它是固、液、气三相平衡共存的唯一状态。图 9-10 分别给出了二氧化碳和水的三相图。图 9-10（a）、（b）两幅图的主要区别为：

（1）三相点状态不同，如图 9-10 所示。

（2）三相点处变化的情况不同。

三相图的作用：

（1）可以知道固、液、气三相中任意两相平衡共存以及相的相互转化条件，或者根据物质所处的热学状态判断所处的相以及要发生相变需要创造的条件。

（2）三线相交于一点，即三相点。有确定的温度和压强，有具体的含义，所以常作为参照校准。国际温标就把水的三相点的温度 273.16℃ 的 1/273.16 规定为 1K。

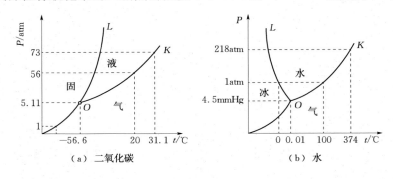

图 9-10　二氧化碳和水的三相图

水的三相点温度是国际温标中最基本的一个固定参考点。选三相点温度作温标的固定点即确定又客观，比选沸点、熔点优越之处在于它的确立不依赖于压强的测量。只要在没有空气的密闭容器内使水的三相达到平衡共存，那么其温度就是三相点的温度。

（3）三相图还可以帮助我们分析一种物质在某一压强和温度下的状态以及它将朝什么

方向变化。

思 考 题

9-1 什么是单元系？什么是单元复相系？举例说明。

9-2 单元系一级相变有什么普遍特征？

9-3 用克拉珀龙方程说明：

(1) 液体沸点和压强的关系。

(2) 固体熔点和压强的关系。

9-4 在冬天里，尽管室内很温暖，但窗户玻璃的内面却常结霜，这是为什么？

9-5 什么是气液二相图？汽化曲线有什么特点？

9-6 说明获得低温的几种主要方法及其原理。

9-7 为什么冬天晾在室外的衣服结了冰还能晾干？

9-8 试从二氧化碳的三相图说明由液态二氧化碳制造干冰的原理。

9-9 当水处在三相点时，在下列情形下物态将如何变化？

(1) 增大压强。

(2) 降低压强。

(3) 升高温度。

(4) 降低温度。

9-10 物质的三相点与临界点有何不同？试加以比较。

习 题

9-1 在大气压 $P_0 = 1.013 \times 10^5 \, \text{Pa}$ 下，$4.0 \times 10^{-3} \, \text{kg}$ 酒精沸腾化为蒸汽，已知酒精蒸汽比容为 $0.607 \, \text{m}^8/\text{kg}$，酒精的汽化热为 $L = 8.63 \times 10^{-5} \, \text{J/kg}$，酒精的比容 v_1 与酒精蒸汽的比容 v_2 相比可以忽略不计，求酒精内能的变化。

9-2 说明发生沸腾的条件，沸腾与蒸发的异同。

9-3 氢的三相点温度 $T_3 = 14\text{K}$，在三相点时，固态氢密度 $\rho = 81.0 \, \text{kg} \cdot \text{m}^{-3}$，液态氢密度 $\rho = 71.0 \, \text{kg} \cdot \text{m}^{-3}$，液态氢的蒸汽压方程

$$\ln P = 18.33 - \frac{122}{T} - 0.3 \ln T$$

熔解温度和压强的关系为 $T_m = 14 + 2.991 \times 10^{-7} P$，式中压强的单位均为帕斯卡，试计算：

(1) 在三相点的气化热、熔解热及升华热（误差在 5% 以内）。

(2) 升华曲线在三相点处的斜率。

9-4 在容积为 $15.0 \, \text{cm}^3$ 的容器中，装入温度为 $18.0℃$ 的水，并加热到临界温度 $t = 374.0℃$，恰好在容器内达到临界状态（预先将容器抽真空后再注入适量水），问应注入多少体积的水才合适？水的临界压强 $P = 20.8 \, \text{MPa}$，$\mu = 18.0 \, \text{g} \cdot \text{mol}$，$18℃$ 的水密度 $\rho = 1\text{g} \cdot \text{m}^{-3}$，水临界系数 $K = 4.46$。

9-5 何谓临界温度、临界压强和临界体积?

9-6 一个半径为 1.0×10^{-2} m 的球形泡,在压强为 1.0136×10^5 N·m^{-2} 的大气中吹成,如泡膜的表面张力系数 $\alpha=5.0\times10^{-2}$ N·m^{-1},问周围的大气压强多大,才可使泡的半径增为 2.0×10^{-2} m?设这种变化是在等温的情况下进行的。

9-7 结晶过程是由哪两种过程组成的?为什么一般情况下溶液凝成多晶体?

9-8 假定蒸汽可看作理想气体,由表 9-1 所列数据计算-20℃时冰的升华热。

表 9-1 题 9-8 表

温度/℃	-19.5	-20.0	-20.5
蒸汽压/mmHg	0.808	0.770	0.734

9-9 何谓二相图?汽化曲线有什么特点?

9-10 已知范德瓦尔斯方程中的常数,对氧气来说为 $a=1.35\times10^{-6}$ atm·m^6/mol^2,$b=3.1\times10^{-5}$ m^3/mol,求氧气临界压强 P_k 和临界温度 T_K。

第十章 数学预备知识

什么是物理？简单地说：物理＝哲学＋数学，也就是将哲学的思想用数学的语言表述出来。一个人能否学好物理将取决于数学知识的掌握程度，因为物理是将自然现象及规律用最简单数学模式表达出来的，所以没有良好的数学基础知识，要学好物理是不可能的。我们在学习专业前有必要将所要用到的数学知识复习一下，以便更好地掌握物理知识。

第一节 极限的基本知识

17世纪牛顿和莱布尼兹建立了微积分。可以说微积分学的建立就是极限概念的推广。

一、函数

为了用定量的数学语言描述极限，我们需要用到函数的概念，下面用一个具体的例子来介绍什么是函数。

例如，圆的面积 A 和它的半径 r 有关，计算 A 的规律是：求半径的平方，然后乘以 π（3.14159）。可以写成：

$$A = F(r) \tag{10-1}$$

式（10-1）表示了只需知道 r 就可以确定 A，换句话说 A 是 r 的函数，用 $F(r)$ 表示这个函数，即：$A = F(r) = \pi r^2$。如果 $r = 2\text{m}$，那么，$A = F(2)$，一般表示为：

$$y = f(x) \tag{10-2}$$

应注意：函数 $f(x)$ 表示一个规则，通过这个规则可以从数 x 计算出 y，记号 $f(x)$ 的形式会有着这样的意思：即它只依赖与括号中的变量所取的值，在这里 x 称为自变量，因为它的值是可以自由变化的，y 称为因变量，它的值是通过计算得到的，f 称为单变量函数。

二、极限与函数

即使计算一个函数，也可能要用到极限过程，例如：$\sin x$ 和 x 都是有确定定义的函数，它们的商为：

$$y = \frac{\sin x}{x} \tag{10-3}$$

式（10-3）在除了 $x = 0$ 这一点外的每一点处都很容易计算，但 $x \neq 0$ 而趋于 0 时，函数值将趋于 1。

三、导数的定义

在函数 $y = f(x)$ 的定义域内取一点 x_0，当变量有增量 Δx 时，函数有相应增量：

$$\Delta y = f(x_0 + \Delta x) - f(x_0) \tag{10-4}$$

如果极限 $\lim\limits_{\Delta x \to 0} \dfrac{\Delta y}{\Delta x} = \lim\limits_{\Delta x \to 0} \dfrac{f(x_0 + \Delta x)}{\Delta x}$ 存在，就称函数 $f(x)$ 在点 x_0 可导。而极限值称为函数 $f(x)$ 在点 x_0 的导数，记做 $f'(x_0)$、$y'|_{x=x_0}$，或 $\dfrac{\mathrm{d}y}{\mathrm{d}x}\Big|_{x=x_0}$、$\dfrac{\mathrm{d}f(x)}{\mathrm{d}x}\Big|_{x=x_0}$。

有时，我们把 $x_0 + \Delta x$ 记为 x，于是 $\Delta x = x - x_0$，当 $\Delta x \to 0$ 时，有 $x \to x_0$，于是上面的极限可改写为：

$$f'(x_0) = \lim_{\Delta x \to 0} \frac{f(x) - f(x_0)}{x - x_0} \tag{10-5}$$

导数定义的这两种表示法，以后都要用到。

显然，$f(x)$ 在点 x_0 的导数 $f'(x_0)$ 与点 x_0 有关，当点 x_0 在 (a, b) 内变动时，$f'(x_0)$ 也随之而变，因此，如果 $f(x)$ 对于区间 (a, b) 的每一点 x 都有导数，那么对应于 (a, b) 中的每一 x 值就有相应的导数值，这样就定义出一个新的函数，称为 $f(x)$ 的导函数，简称导数，记做 $f'(x)$，或 y'、$\dfrac{\mathrm{d}y}{\mathrm{d}x}$、$\dfrac{\mathrm{d}f(x)}{\mathrm{d}x}$、$f'_x$、$y'_x$。

【例 10-1】　计算函数 $y = x^2$ 在点 $x = 2$ 的导数。

【解】　按导数定义：

$$f'(2) = \lim_{\Delta x \to 0} \frac{f(2 + \Delta x) - f(2)}{\Delta x} = \lim_{\Delta x \to 0} \frac{(2 + \Delta x)^2 - 2^2}{\Delta x}$$
$$= \lim_{\Delta x \to 0} \frac{\Delta x (4 + \Delta x)}{\Delta x} = \lim_{\Delta x \to 0} (4 + \Delta x)$$
$$= 4$$

【例 10-2】　求 $\mu = x^{\frac{1}{2}}$ 的导数。

【解】　根据定义：

$$\frac{\mathrm{d}\mu}{\mathrm{d}x} = \frac{\mathrm{d}}{\mathrm{d}x} x^{\frac{1}{2}} = \lim_{\Delta x \to 0} \frac{(x + \Delta x)^{\frac{1}{2}} - x^{\frac{1}{2}}}{\Delta x}$$

此极限可通过分子、分母同乘以 $(x + \Delta x)^{\frac{1}{2}} + x^{\frac{1}{2}}$ 而计算出来，即

$$\frac{(x + \Delta x)^{\frac{1}{2}} - x^{\frac{1}{2}}}{\Delta x} = \frac{x + \Delta x - x}{\Delta x \left[(x + \Delta x)^{\frac{1}{2}} + x^{\frac{1}{2}} \right]} = \frac{1}{(x + \Delta x)^{\frac{1}{2}} + x^{\frac{1}{2}}}$$

因而

$$\lim_{\Delta x \to 0} \frac{(x + \Delta x)^{\frac{1}{2}} - x^{\frac{1}{2}}}{\Delta x} = \lim_{\Delta x \to 0} \frac{1}{(x + \Delta x)^{\frac{1}{2}} + x^{\frac{1}{2}}} = \frac{1}{2x^{\frac{1}{2}}}$$

所以

$$\frac{\mathrm{d}}{\mathrm{d}x} x^{\frac{1}{2}} = \frac{1}{2x^{\frac{1}{2}}}$$

【例 10-3】　证明：$\dfrac{\mathrm{d}}{\mathrm{d}x} \dfrac{1}{x} = -\dfrac{1}{x^2}$

因为

$$\frac{1}{x + \Delta x} - \frac{1}{x} = -\frac{\Delta x}{(x + \Delta x)x}$$

所以

$$\frac{\mathrm{d}}{\mathrm{d}x} \frac{1}{x} = \lim_{\Delta x \to 0} \frac{1}{\Delta x} \left(\frac{1}{x + \Delta x} - \frac{1}{x} \right)$$

$$= \lim_{\Delta x \to 0} \frac{1}{\Delta x} \left(\frac{1}{x + \Delta x} - \frac{1}{x} \right) = \lim_{\Delta x \to 0} \left(\frac{-1}{(x + \Delta x)x} \right) = -\frac{1}{x^2}$$

四、导数的基本公式和运算法则

我们可以从导数的定义中求出它（任何函数）的导数，从上面的求导计算过程中不难看出，求导需要经过繁杂的步骤。为此我们可以利用基本的法则导出几个初等函数的导数。

1. 常数与基本函数的导数

常数的导数为 0，设 $y = c(c$ 为常数$)$，则 $f(x + \Delta x) = c$。

（1）$\Delta y = f(x + \Delta x) - f(x) = c - c = 0$

（2）$\dfrac{\Delta y}{\Delta x} = \dfrac{0}{\Delta x} = 0$

（3）$\lim\limits_{\Delta x \to 0} \dfrac{\Delta y}{\Delta x} = 0$

即：$(c') = 0$

2. 幂函数 $y = x^n$（n 为正整数）的导数

（1）$\Delta y = (x + \Delta x)^n - x^n$

$$= x^n + nx^{n-1}\Delta x + \frac{n(n-1)}{1 \cdot 2}x^{n-2}(\Delta x)^2 + \cdots + (\Delta x)^n - x^n$$

（2）$\dfrac{\Delta y}{\Delta x} = nx^{n-1} + \dfrac{n(n-1)}{1 \cdot 2}x^{n-2}\Delta x + \cdots + (\Delta x)^{n-1}$

（3）$\lim\limits_{\Delta x \to 0} \dfrac{\Delta y}{\Delta x} = nx^{n-1}$

即：$y' = nx^{n-1}$

今后可证：当 n 为任意实数时这个公式仍然成立。

例 $(x^5)' = 5x^4$

$$\left(\frac{1}{x} \right)' = (x^{-1})' = -1x^{-2} = -\frac{1}{x^2}$$

$$(\sqrt{x})' = \left(x^{\frac{1}{2}} \right)' = \frac{1}{2}x^{-\frac{1}{2}} = \frac{1}{2\sqrt{x}}$$

3. 三角函数的导数

$$y = \sin x$$

（1）$\Delta y = \sin(x + \Delta x) - \sin x = 2\cos\left(x + \dfrac{\Delta x}{2} \right)\sin\dfrac{\Delta x}{2}$

（2）$\dfrac{\Delta y}{\Delta x} = 2\cos\left(x + \dfrac{\Delta x}{2} \right)\dfrac{\sin\dfrac{\Delta x}{2}}{\Delta x} = \cos\left(x + \dfrac{\Delta x}{2} \right)\dfrac{\sin\dfrac{\Delta x}{2}}{\dfrac{\Delta x}{2}}$

（3）$y' = \lim\limits_{\Delta x \to 0} \dfrac{\Delta y}{\Delta x} = \lim\limits_{\Delta x \to 0}\cos\left(x + \dfrac{\Delta x}{2} \right)\dfrac{\sin\dfrac{\Delta x}{2}}{\dfrac{\Delta x}{2}}$

因为
$$\lim_{\Delta x \to 0} \frac{\sin \frac{\Delta x}{2}}{\frac{\Delta x}{2}} = 1$$

又因为 $\cos x$ 是连续函数，

所以
$$\lim_{\Delta x \to 0} \cos\left(x + \frac{\Delta x}{2}\right) = \cos x$$

所以
$$y' = (\sin x') = \cos x$$

同理可证：
$$y' = (\cos x)' = -\sin x$$

4. 对数函数 $y = \log_a x (a > 0，x > 0)$ 的导数

(1) $\Delta y = \log_a(x + \Delta x) - \log_a x = \log_a\left(1 + \frac{\Delta x}{x}\right)$

(2) $\dfrac{\Delta y}{\Delta x} = \dfrac{1}{\Delta x}\log_a\left(1 + \dfrac{\Delta x}{x}\right) = \log_a\left(1 + \dfrac{\Delta x}{x}\right)^{\frac{1}{\Delta x}}$

$$= \log_a\left[\left(1 + \frac{\Delta x}{x}\right)^{\frac{x}{\Delta x}}\right]^{\frac{1}{x}} = \frac{1}{x}\log_a\left(1 + \frac{\Delta x}{x}\right)^{\frac{x}{\Delta x}}$$

(3) $y' = \lim\limits_{\Delta x \to 0}\dfrac{\Delta y}{\Delta x} = \lim\limits_{\Delta x \to 0}\left[\dfrac{1}{x}\log_a\left(1 + \dfrac{\Delta x}{x}\right)^{\frac{x}{\Delta x}}\right]$

$$= \frac{1}{x}\lim_{\Delta x \to 0}\log_a\left(1 + \frac{\Delta x}{x}\right)^{\frac{x}{\Delta x}}$$

由对数函数的连续性，$\lim\limits_{\Delta x \to 0}(1 + a)^{\frac{1}{a}} = e$

$$y' = \frac{1}{x}\log_a e = \frac{1}{x \ln a}$$

特别地，当 $a = e$ 时，$y = \ln x$

则
$$y' = \frac{1}{x}$$

5. 指数函数 $y = a^x (a > 0)$

(1) $\Delta y = a^{x+\Delta x} - a^x = a^x(a^{\Delta x} - 1)$

(2) $\dfrac{\Delta y}{\Delta x} = a^x\dfrac{a^{\Delta x} - 1}{\Delta x}$

(3) $y' = \lim\limits_{\Delta x \to 0}\dfrac{\Delta y}{\Delta x} = a^x\lim\limits_{\Delta x \to 0}\dfrac{a^{\Delta x} - 1}{\Delta x}$

令 $a^{\Delta x} - 1 = \beta$，则：$\Delta x = \log_a(1 + \beta)$

又当 $\Delta x \to 0$ 时，$\beta \to 0$ 于是，

$$\lim_{\Delta x \to 0}\frac{a^{\Delta x} - 1}{\Delta x} = \lim_{\beta \to 0}\frac{\beta}{\log_a(1 + \beta)} = \frac{1}{\lim\limits_{\beta \to 0}\log_a(1 + \beta)^{\frac{1}{\beta}}}$$

我们知道了求导的基本方法和规律，积分就不难掌握，因为求导和积分是逆运算关系，这里不再赘述。

第二节　概率论的基本知识

一、统计规律

大家都知道投一次或少量次数的硬币时，正反面出现的次数具有偶然性、不确定性，是随机事件。然而当投大量次数后，统计正反面出现的次数，概率约为各 1/2，呈现出了规律性，投的次数越多，呈现的规律越明显；同样，掷一次或少量次数骰子，点数出现的次数具有偶然性、不确定性，是随机事件大量次数，但掷大量次数后，每点出现次数的概率约为 1/6，呈现规律性。随机事件经大量次数统计后，呈现规律性、确定性。这种对大量偶然事件的整体起作用的规律称为统计规律。

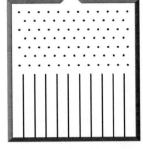

图 10-1　伽尔顿板装置

有关统计规律最直观的演示实验是伽尔顿板实验。伽尔顿板装置如图 10-1 所示，在一块竖直平板的上部钉上许多铁钉，所有钉子裸出相同长度且均匀、规则排列，板的下部用相同的竖直隔板隔成许多宽度相同的狭槽，整个装置用透明玻璃覆盖，确保小球留在狭槽内，装置顶部留有漏斗形入口，可以投入小球。

从入口处投入一个小球，小球下落过程中先后与许多铁钉发生碰撞，最后落入某一狭槽。重复试验，发现每个小球落入哪个槽是不完全相同的。这表明：一次实验或少数实验中，小球落入哪个狭槽是不确定的、具有偶然性的。

如果同时投入大量的小球，最后落入各狭槽小球的数目不相等，但呈现出"中间多，两边少"的分布，把这种分布用笔在玻璃板上画一条连续曲线来表示。重复试验，发现：每次所画的曲线近似重合。这表明：在大量试验中，小球在狭槽内的分布是确定的，呈现一定的规律性。

在伽尔顿板实验中，小球按狭槽的分布是大量的偶然事件才体现出来的规律分布，正如恩格斯所说的："被断定为必然的东西，是由纯粹的偶然性构成的，而所谓偶然的东西，是一种有必然性隐藏在里面的形式。"

二、概率分布函数

为了形象地描述小球按狭槽的分布，引进统计学中的直方图，即取横坐标 x 表示狭槽的水平位置，纵坐标 H 表示狭槽内累计小球的高度。令第 i 个狭槽的宽度为 Δx_i，其中累计小球的高度为 H_i，直方图中狭槽内小球占据的面积为 ΔA_i，如图 10-2（a）所示，狭槽内小球的数目为 ΔN_i，则有：$\Delta N_i = k\Delta A_i$（k 为比例常数）。设小球总数为 N，则有：

$$N = \sum_i \Delta N_i = k\sum_i \Delta A_i = k\sum_i H_i\Delta x_i \tag{10-6}$$

于是每个小球落入第 i 个狭槽的概率为

$$\Delta P_i = \frac{\Delta N_i}{N} = \frac{\Delta A_i}{A} = \frac{H_i\Delta x_i}{\sum_j H_j\Delta x_j} \tag{10-7}$$

因为狭槽有一定的宽度，伽尔顿板实验实验对于落下的小球只做了粗略的位置分类，实际上小球经多次与铁钉碰撞后落下的最后位置 x 是连续取值的。为了更细致地描述小球沿 x 方向的分布，不断把狭槽的宽度 Δx 减小，直到 $\Delta x \to 0$ 的极限时，直方图的轮廓变成了连续的分布曲线，如图 $10-2$（b）所示，则式（$10-6$）和式（$10-7$）中的增量变为微分，求和变为积分，式（$10-7$）变为

$$\mathrm{d}P(x) = \frac{\mathrm{d}N}{N} = \frac{H(x)\mathrm{d}x}{\int H(x)\mathrm{d}x}$$

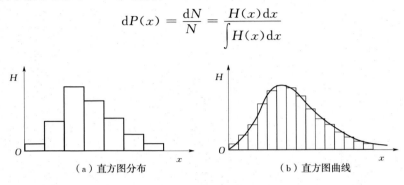

（a）直方图分布　　　　　　　（b）直方图曲线

图 $10-2$　直方图

式（$10-7$）中的增量变为微分，求和变为积分，式（$10-7$）变为

$$\mathrm{d}P(x) = \frac{\mathrm{d}N}{N} = \frac{H(x)\mathrm{d}x}{\int H(x)\mathrm{d}x}$$

令

$$f(x) = \frac{H(x)}{\int H(x)\mathrm{d}x}$$

则有

$$\mathrm{d}P(x) = f(x)\mathrm{d}x$$

或

$$f(x) = \frac{\mathrm{d}P(x)}{\mathrm{d}x} = \frac{1}{N}\frac{\mathrm{d}N(x)}{\mathrm{d}x}$$

$f(x)$ 称为小球沿 x 方向的**分布函数**或小球落在 x 处的**概率密度**。表示小球落入 x 附近单位区间的概率，或小球落入 x 附近单位区间的分子数占总分子数的比率。概率密度是概率论中的一个很重要的概念。

我们要计算小球分布在 x 方向某一区段（如从 $x_1 \to x_2$ 区域）的概率，则有

$$P_{x_1 \to x_2} = \int_{x_1}^{x_2} f(x)\mathrm{d}x \tag{$10-8$}$$

由于全部小球分布在整个 x 区间上的概率是 1，所以有

$$\int_{-\infty}^{+\infty} f(x)\mathrm{d}x = 1 \tag{$10-9$}$$

式（$10-9$）称为分布函数的**归一化条件**，分布函数都应遵从这一规律，即概率分布曲线下面的面积为 1。

在一定条件下，如果某一现象或某一事件可能发生也可能不发生，就称这样的事件为**随机事件**。如伽尔顿板实验中投一次小球，落入哪一个狭槽完全是随机的，受到许多不确定偶然因素的影响，小球落入第 i 个狭槽就是一个随机事件。把描述事件的变量称为**随机变量**，如 i 或 x。随机变量可以是离散的（如 i），也可以是连续的（如 x），如果随机变量

是离散的，就说某事件发生的概率是多少；如果随机变量是连续的，就说发生在某个随机变量附近的某个区域的概率是多少。统计分布的随机变量可以是一个，也可以是多个，所以对应的分布函数可以是一元函数，也可以是多元函数。

三、平均值

统计分布最直接的应用是求平均值。

如果随机变量是离散的。设 x_i（如成绩）为随机变量，其中出现 x_1 值的次（或人）数为 N_1，x_2 值的次（或人）数为 N_2，……，随机变量出现的总次（或人）数为 N，则该随机变量的平均值为

$$\overline{x} = \frac{N_1 x_1 + N_2 x_2 + \cdots}{\sum_i N_i} = \frac{\sum_i N_i x_i}{N} \tag{10-10}$$

即随机变量的平均值就是 N 个随机变量之和再除以总数 N。由于 x_i 出现的概率 $P_i = \dfrac{N_i}{N}$，所以上式可写为

$$\overline{x} = P_1 x_1 + P_2 x_2 + \cdots = \sum_i P_i x_i \tag{10-11}$$

即利用概率分布来求随机变量的平均值。式（10-11）是由式（10-10）演变来的，应加上 $N \to \infty$ 的条件，所以式（10-11）更适用于 N 非常大的情况。

如果随机变量是连续的，就可利用概率分布函数求平均值。

随机变量的平均值为

$$\overline{x} = \int_{-\infty}^{+\infty} x f(x) \mathrm{d}x \tag{10-12}$$

同样，x 某一函数的平均值为

$$\overline{F(x)} = \int_{-\infty}^{+\infty} F(x) f(x) \mathrm{d}x \tag{10-13}$$

$$\overline{g(x,y)} = \int_{-\infty}^{+\infty} \int_{-\infty}^{+\infty} g(x,y) f(x,y) \mathrm{d}x \mathrm{d}y \tag{10-14}$$

【例 10-4】 某 x 值的概率分布函数如图 10-3 所示。试求常数 A，使在此值下该函数称为归一化函数，然后计算 x、x^2 和 $|\overline{x}|$ 的平均值。

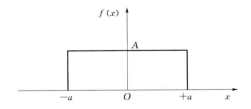

图 10-3 某 x 值的概率分布函数

【解】 按归一化条件，概率分布曲线下面的面积为 1。则

$$[+a-(-a)] \times A = 1$$

$$A = \frac{1}{2a}$$

所以概率分布函数为

$$f(x) = \begin{cases} \dfrac{1}{2a}, & -a \leqslant x \leqslant a \\ 0, & x < -a \text{ 或 } x > a \end{cases}$$

$$\overline{x} = \int_{-\infty}^{+\infty} x f(x) \mathrm{d}x = \frac{1}{2a} \int_{-a}^{+a} x \mathrm{d}x = 0$$

$$\overline{x^2} = \int_{-a}^{+a} x^2 f(x) \mathrm{d}x = \frac{1}{2a} \int_{-a}^{+a} x^2 \mathrm{d}x = \frac{a^2}{3}$$

$$|\overline{x}| = -\int_{-a}^{0} x f(x) \mathrm{d}x + \int_{0}^{+a} x f(x) \mathrm{d}x = \frac{a}{2}$$

四、均方偏差

一般来说，随机变量 x 与统计平均值 $\overline{x}$ 有偏差，即 $\Delta x_i = x_i - \overline{x}$。而偏差的平均值为零，即 $\overline{\Delta x} = 0$，但方均偏差不为零。

$$(\overline{\Delta x})^2 = \overline{x^2} - (\overline{x})^2 \tag{10-15}$$

式（10-15）是均方偏差的计算式，可由平均值的运算法则演化而来，因为 $(\overline{\Delta x})^2 \geqslant 0$，所以有 $\overline{x^2} \geqslant (\overline{x})^2$，于是定义相对方均根偏差为

$$\left[\left(\frac{\overline{\Delta x}}{x} \right)^2 \right]^{1/2} = \frac{[(\overline{\Delta x})^2]^{1/2}}{\overline{x}} = \frac{(\Delta x)_{\mathrm{rms}}}{\overline{x}} \tag{10-16}$$

可以看出，当 x 的所有值都相同时，$(\Delta x)_{\mathrm{rms}} = 0$，可见相对方均根偏差表示了随机变量在平均值附近散开分布的程度，也称为涨落、散度或散差。有关涨落现象的例子很多，如布朗运动、液体的临界乳光现象、光在空气中的散射现象、气体分子速率分布等都存在着涨落现象。涨落现象与统计规律是不可分割的，统计规律永远伴随着涨落现象，这也正反映了必然性与偶然性之间相互依存的辩证关系。

第三节 一些常用的定积分公式

一、高斯积分

具有下列形式的积分称为**高斯积分**。

$$I(n) = \int_0^{\infty} x^n \mathrm{e}^{-\alpha x^2} \mathrm{d}x \tag{10-17}$$

这是统计物理学中常用到的一类积分。作 $y = \alpha^{1/2} x$ 的变量变换，可得

$$I(n) = \alpha^{-(n+1)/2} \int_0^{\infty} y^n \mathrm{e}^{-y^2} \mathrm{d}y \tag{10-18}$$

即：

$$I(0) = \alpha^{-1/2} \int_0^{\infty} \mathrm{e}^{-y^2} \mathrm{d}y = \frac{1}{2} \sqrt{\frac{\pi}{\alpha}}$$

$$I(1) = \alpha^{-1} \int_0^{\infty} y \mathrm{e}^{-y^2} \mathrm{d}y = \frac{1}{2\alpha}$$

利用式（10-17）对 α 求微商可得下面的通式：

$$-\frac{\partial}{\partial \alpha}I(n-2)=-\frac{\partial}{\partial \alpha}\int_0^\infty x^{n-2}\,\mathrm{e}^{-\alpha x^2}\,\mathrm{d}x$$

$$=\int_0^\infty x^n\mathrm{e}^{-\alpha x^2}\,\mathrm{d}x$$

$$=I(n) \tag{10-19}$$

这样，就可通过 $I(0)$ 或 $I(1)$ 求出其他的 $I(n)$，如：

$$I(2)=-\frac{\partial}{\partial \alpha}I(0)$$

$$=-\frac{1}{2}\sqrt{\pi}\frac{\partial}{\partial \alpha}\sqrt{\alpha}=\frac{1}{4}\sqrt{\frac{\pi}{\alpha^3}}$$

$$I(3)=\int_0^\infty \mathrm{e}^{-\alpha x^2}x^3\,\mathrm{d}x$$

$$=-\frac{\partial}{\partial \alpha}I(1)=\frac{1}{2}\frac{1}{\alpha^2}$$

若 n 为偶数：

$$\int_{-\infty}^{+\infty}x^n\mathrm{e}^{-\alpha x^2}\,\mathrm{d}x=2f(n) \tag{10-20}$$

若 n 为奇数：

$$\int_{-\infty}^{+\infty}x^n\mathrm{e}^{-\alpha x^2}\,\mathrm{d}x=0 \tag{10-21}$$

一些 $I(n)$ 值见表 10-1，以供查阅。

表 10-1   部 分 $I(n)$ 值

n	$I(n)$	n	$I(n)$
0	$\dfrac{1}{2}\sqrt{\dfrac{\pi}{\alpha}}$	4	$\dfrac{3}{8}\sqrt{\dfrac{\pi}{\alpha^5}}$
1	$\dfrac{1}{2\alpha}$	5	$\dfrac{1}{\alpha^3}$
2	$\dfrac{1}{4}\sqrt{\dfrac{\pi}{\alpha^3}}$	6	$\dfrac{15}{16}\sqrt{\dfrac{\pi}{\alpha^7}}$
3	$\dfrac{1}{2\alpha^2}$	7	$\dfrac{3}{\alpha^4}$

二、误差函数

积分上限任意的如下形式的积分称为**误差函数**，在概率论和统计物理中经常用到。

$$\mathrm{erf}(x)=\frac{2}{\sqrt{\pi}}\int_0^x \mathrm{e}^{-x^2}\,\mathrm{d}x \tag{10-22}$$

编纂的误差函数简表见表 10-2，以供查阅。

表 10 - 2   误 差 函 数 简 表

x	erf(x)	x	erf(x)
0	0	1.6	0.976 3
0.2	0.2227	1.8	0.9891
0.4	0.4284	2.0	0.9953
0.6	0.6039	2.2	0.9981
0.8	0.7421	2.4	0.9993
1.0	0.8427	2.6	0.9998
1.2	0.9103	2.8	0.9999
1.4	0.9523		

当 x 大于表中所给的数时，erf(x) 的值可用下列级数算出：

$$\text{erf}(x) = 1 - \frac{e^{-x}}{x\sqrt{\pi}} \left[1 - \frac{1}{2x^2} + \frac{1 \cdot 3}{(2x^2)^2} - \frac{1 \cdot 3 \cdot 5}{(2x^2)^3} + \cdots \right] \tag{10-23}$$

附录一　希腊字母查询表

序号	大写	小写	英文注音	国际音标注音	中文读音	物理、数学意义
1	A	α	alpha	aːlf	阿尔法	角度;系数
2	B	β	beta	bet	贝塔	角度;磁通系数;系数
3	Γ	γ	gamma	gaːm	伽马	绝热指数;电导系数
4	Δ	δ	delta	delt	德尔塔	变动;密度;屈光度
5	E	ε	epsilon	ep'silon	伊普西龙	能量;对数之基数
6	Z	ζ	zeta	zat	截塔	阻抗;相对黏度;原子序数
7	H	η	eta	eit	艾塔	黏性系数;磁滞系数;效率
8	Θ	θ	thet	θit	西塔	温度;相位角
9	I	ι	iot	aiot	约塔	微小,一点儿
10	K	κ	kappa	kap	卡帕	导热系数;介质常数
11	Λ	λ	lambda	lambd	兰布达	波长;体积
12	M	μ	mu	mju	缪	磁导系数;放大因子
13	N	ν	nu	nju	纽	摩尔数;磁阻系数
14	Ξ	ξ	xi	ksi	克西	—
15	O	o	omicron	omik'ron	奥密克戎	—
16	Π	π	pi	pai	派	圆周率
17	P	ρ	rho	rou	肉	密度;电阻系数
18	Σ	σ	sigma	'sigma	西格马	求和,表面密度;跨导
19	T	τ	tau	tau	套	时间;常数
20	Υ	υ	upsilon	jup'silon	宇普西龙	位移
21	Φ	φ	phi	fai	佛爱	角度;磁通
22	X	χ	chi	phai	西	开平方分布
23	Ψ	ψ	psi	psai	普西	介质电通量
24	Ω	ω	omega	o'miga	欧米伽	角速;欧姆;角

附录二 热学中常用物理量的名称、符号、单位及公式

量的名称	量的符号	单位名称	单位符号	量的公式
热力学温度	$T,(\Theta)$	开[尔文]	K	—
摄氏温度	t,θ	摄氏度	℃	—
体积,比体积	V,v	立方米	m³	$v=\dfrac{V}{M}$
质量	M	千克	kg	—
物质的量	ν	摩尔	mol	$\nu=\dfrac{M}{\mu}$
摩尔质量	μ	千克每摩尔	kg/mol	—
分子质量	m	千克	kg	—
分子数密度	n	每立方米	/m³	—
分子平均平动动能	$\overline{\in}$	焦[耳]	J	$\overline{\in}=\dfrac{1}{2}m\overline{v^2}$
压强	P	帕[斯卡]	Pa	$P=\dfrac{2}{3}n\left(\dfrac{1}{2}m\overline{v^2}\right)=\dfrac{2}{3}n\overline{\in}$ （理想气体） $P=\dfrac{RT}{V-b}-\dfrac{b}{V^2}$（范氏气体）
分子力	f	牛顿	N	$f=\dfrac{\lambda}{r^s}-\dfrac{\mu}{r^t}$
热[量]	Q	焦[耳]	J	—
做功	A	焦[耳]	J	$A=-\displaystyle\int_{V_1}^{V_2}PdV$
内能,比内能	U,u	焦[耳]	J	$U=U(T)$（理想气体）,$u=\dfrac{U}{M}$
焓,比焓	H,h	焦[耳]	J	$H=U+PV$（理想气体）,$h=\dfrac{H}{M}$
热容	C'	焦[耳]每开[尔文]	J/K	$C'=\dfrac{\partial Q}{\partial T}$
摩尔热容	$C_v{}'$	焦[耳]每摩尔开[尔文]	J/(mol·K)	$C_v'=\dfrac{1}{\mu}\dfrac{\partial Q}{\partial T}$
比热容	c	焦[耳]每千克开[尔文]	J/(kg·K)	$c=\dfrac{1}{M}\dfrac{\partial Q}{\partial T}$
定压热容	C_p'	焦[耳]每开[尔文]	J/K	$C_p'=\left(\dfrac{\partial H}{\partial T}\right)_V$

量的名称	量的符号	单位名称	单位符号	量的公式
定容热容	C'_V	焦[耳]每开[尔文]	J/K	$C'_v = \left(\dfrac{\partial U}{\partial T}\right)_V$
导热系数	κ	瓦[特]每米开[尔文]	W/(m·K)	$\mathrm{d}Q = -\kappa \left(\dfrac{\mathrm{d}T}{\mathrm{d}z}\right)_{z_0} \mathrm{d}S\mathrm{d}t$
黏性系数	η	牛[顿]秒每平方米	N·s/m^2	$\mathrm{d}k = -\eta \left(\dfrac{\mathrm{d}u}{\mathrm{d}z}\right)_{z_0} \mathrm{d}S\mathrm{d}t$
扩散系数	D	平方米每秒	m^2/s	$\mathrm{d}M = -D \left(\dfrac{\mathrm{d}\rho}{\mathrm{d}z}\right)_{z_0} \mathrm{d}S\mathrm{d}t$
分子平均自由程	$\bar{\lambda}$	米	m	$\bar{\lambda} = \dfrac{1}{\sqrt{2}\pi d^2 n} = \dfrac{kT}{\sqrt{2}\pi d^2 p}$
分子平均碰撞频率	$\bar{z}$	赫兹	Hz(1/s)	$\bar{Z} = \sqrt{2}\sigma \bar{v} n = \sqrt{2}\pi d^2 \bar{v} n$
热机效率	η	—	—	$\eta = \dfrac{T_1 - T_2}{T_1} = 1 - \dfrac{T_2}{T_1}$
制冷系数	ε	—	—	$\varepsilon = \dfrac{Q_2}{A} = \dfrac{Q_2}{Q_1 - Q_2} = \dfrac{T_2}{T_1 - T_2}$
定居时间	τ	秒	s	—
表面张力	F	牛[顿]每米	N/m	$F = \alpha l$
相变潜热	l	焦[耳]	J	$l = (u_2 - u_1) + p(v_2 - v_1)$

附录三 习题参考答案

第一章

1-1 (1) 55mmHg；(2) 372K

1-2 400.57K

1-3 272.95K

1-4 (1) 8.4cm；(2) 107℃

1-5 (1) −205℃；(2) 1.049atm

1-6 (1) −25mV，20mV，0mV，−25mV；(2) $a=20/3$，$b=0$；(3) −167℃，133℃，0℃，−167℃；(4) 温标 t 和温标 t^* 只有在汽化点和沸点具有相同的值，t^* 随 ε 线性变化，而 t 不随 ε 线性变化，所以用 ε 作测温属性的 t^* 温标比 t 温标优越，计算方便，但日常所用的温标是摄氏温标，t 与 ε 虽呈非线性变化，却能直接反应熟知的温标，因此各有所长。

1-7 (1) 0.87cm；(2) 3.7cm

1-8 5400N

1-9 15.5%

1-10 9.6

1-11 751mmHg

1-12 25cm

1-13 14.5cm

1-14 $h'=\dfrac{-(P_0+K-h)+\sqrt{(P_0+K-h)^2+4hK}}{2}$

1-15 3.5cm

1-16 13.0kg·m^{-3}

1-17 1.5g

1-18 637

1-19 (1) $k=\dfrac{P_1^2}{RT_1}$；(2) 800K

1-20 0.67min

1-21 28.9g/mol，1.29g/L

1-22 P_{N_2}：2.5atm，P_{O_2}：1.0atm，P：3.5atm

1-23 147cm^3

1-24 342K

1－25　398K

1－26　25.35atm，29.32atm

第二章

2－1　（1）623J，623J，0J；（2）623J，1040J，－417J；（3）623J，0J，623J

2－2　（1）0J，－786J，786J；（2）906J，0J，906J；（3）－1420J，－19800J，567J

2－3　2190J

2－4　（1）0.015m³；（2）1.11atm；（3）239J

2－5　（1）1.2；（2）－63J；（3）63J；（4）126J

2－6　1.1×10^4J

2－7　0.90atm，12.3L，265K

2－8　（1）－9380J；（2）14400J

2－9　2.52×10^4J，6.3×10^4J，不相同

2－10　（1）700J；（2）505J

2－11　（1）0.916atm，48.9×10^{-3}m³；（2）279.9K，45.9×10^{-3}m³；（3）282.6K，1.035atm

2－12　（1）图略，$T_1=300$K，$P_1=1$atm，$V_1=0.0247$m³，$T_1=400$K，$P_1=1$atm，$V_1=0.0329$m³；（2）830J；（3）2078J；（4）2909J；（5）830J

2－13　2.47×10^7J/mol

2－14　-2.44×10^3kJ・kg^{-1}

2－15　（1）$H_m=cT+PV_{m0}+bp^2$；（2）$C_{P,m}=c$，$C_{V,m}=c-\dfrac{a}{b}(V_m-V_{m0})+\dfrac{2a^2T}{b}$

2－16　（1）3.75×10^3J；（2）5.73×10^3J

2－17　$Q_1=4P_1V_1(\gamma+1/\gamma-1)\ln2, Q_2=Q_1/4$

2－18　证明略

2－19　证明略

2－20　证明略

2－21　（1）279K；（2）1408m；（3）271K；（4）35kg/m²；（5）300K

2－22　（1）$k=(P_2-P_1)/(V_2-V_1)$；（2）$P=(kRT)^{1/2}$，$V=(RT/k)^{1/2}$；（3）$\Delta U=(P_2V_2-P_1V_1)/\gamma-1, Q=(\gamma+1)(P_2V_2-P_1V_1)/2(\gamma-1), W=(P_2V_2-P_1V_1)/2$；（4）$C=(\gamma+1)R/2(\gamma-1)$

2－23　（1）$n=1.19$；（2）－64.3J；（3）133J；（4）69.2J

2－24　13.3%

2－25　15.4%

2－26　（1）314J；（2）600J；（3）1157J；（4）69.2J

2－27　证明略

第三章

3－1　3.21×10^9m^{-3}

3-2　5.5×10^{6}

3-3　1.88×10^{18}

3-4　$2.33 \times 10^{-2} \, \mathrm{Pa}$

3-5　(1) $2.45 \times 10^{25} \, \mathrm{m}^{-3}$；(2) $1.30 \mathrm{g/L}$；(3) $5.3 \times 10^{-20} \, \mathrm{kg}$；(4) $4.28 \times 10^{-9} \, \mathrm{m}$；
(5) $6.21 \times 10^{-21} \, \mathrm{J}$

3-6　$3.88 \times 10^{-2} \, \mathrm{eV}$；$7.7 \times 10^{6} \, \mathrm{K}$

3-7　301K

3-8　$5.4 \times 10^{-24} \, \mathrm{J}$

3-9　(1) $10 \mathrm{m/s}$；(2) $7.9 \mathrm{m/s}$；(3) $7.1 \mathrm{m/s}$

3-10　$1.9 \times 10^{3} \, \mathrm{m/s}$，$4.83 \times 10^{2} \, \mathrm{m/s}$，$1.93 \times 10^{2} \, \mathrm{m/s}$

3-11　(1) $485 \mathrm{m/s}$；(2) $28.9 \times 10^{-3} \, \mathrm{kg/mol}$

3-12　$3.58 \times 10^{27} \, \mathrm{s}^{-1}$

3-13　$3.59 \times 10^{23} \, \mathrm{s}^{-1}$

3-14　$2.93 \times 10^{-10} \, \mathrm{m}$

3-15　$0.3913 \mathrm{L}$，$907.8 \mathrm{atm}$

第四章

4-1　$3.18 \mathrm{m/s}$，$3.37 \mathrm{m/s}$，$4.00 \mathrm{m/s}$

4-2　$2.28 \times 10^{2} \, \mathrm{m/s}$，$7.21 \times 10^{2} \, \mathrm{m/s}$，$2.28 \times 10^{3} \, \mathrm{m/s}$

4-3　1.18

4-4　4.96×10^{16}

4-5　0.969

4-6　(1) 0.083；(2) 0.021；(3) 0.089×10^{-7}

4-7　$\sqrt{\dfrac{2m}{\pi k T}} = \dfrac{4}{\pi \overline{v}}$

4-8　(1) $1.98 \times 10^{-2} \, \mathrm{m/s}$；(2) $1.32 \times 10^{-2} \, \mathrm{g}$

4-9　(1) $2N/3v_0$；(2) $N/3$；(3) $11v_0/9$

4-10　(1) 图略；(2) $1/v_0$；(3) $v_0/2$

4-11　(1) v_1；(2) $2N/3v_1$；(3) $4v_1/3$；(4) $11N/12$

4-12　证明略

4-13　证明略

4-14　$0.922 \mathrm{cm}$，$1.30 \mathrm{cm}$

4-15　$2.0 \times 10^{3} \, \mathrm{m}$

4-16　$2.3 \times 10^{3} \, \mathrm{m}$

4-17　$1.95 \times 10^{3} \, \mathrm{m}$

4-18　kT/m，$kT/2$

4-19　$3.74 \times 10^{3} \, \mathrm{J/mol}$，$2.49 \times 10^{3} \, \mathrm{J/mol}$

4-20　$6.23 \times 10^{3} \, \mathrm{J/mol}$，$6.23 \times 10^{3} \, \mathrm{J/mol}$，$3.12 \times 10^{3} \, \mathrm{J/g}$，$2.10 \times 10^{2} \, \mathrm{J/g}$

4－21　5.83J/（g·K）

4－22　$6.6×10^{-23}$g，$39.76×10^{-3}$kg/mol

4－23　（1）3，3，6；（2）9R＝74.8J·mol^{-1}·K^{-1}

第五章

5－1　$2.74×10^{-10}$m

5－2　$1.28×10^{-10}$s

5－3　（1）$6.26×10^{9}s^{-1}$；（2）$6.25×10^{3}s^{-1}$

5－4　（1）$5.21×10^{4}$Pa；（2）$3.8×10^{6}$

5－5　约$1.2×10^{-6}$m

5－6　$1.97×10^{-6}$m

5－7　6.8atm

5－8　$3.21×10^{17}m^{-3}$，7.78m，$60.2s^{-1}$

5－9　（1）1.40；（2）$3.5×10^{-1}$m；（3）$1.1×10^{-7}$m

5－10　（1）$\dfrac{\pi d^2}{4}$；（2）证明略

5－11　$3.09×10^{-10}$m

5－12　$2.33×10^{-10}$m

5－13　$1.34×10^{-7}$m，$2.5×10^{-10}$m

5－14　（1）2.83；（2）0.11；（3）0.11

5－15　（1）-1.03kg/m^4；（2）$7.95×10^{22}s^{-1}＋3.33×10^{15}s^{-1}$；（3）$7.95×10^{2}2s^{-1}－3.33×10^{15}s^{-1}$；（4）$5.09×10^{-10}$kg·$s^{-1}$

5－16　证明略

5－17　9.8rad·s^{-1}

5－18　证明略

第六章

6－1　$1.25×10^{4}$J

6－2　$6.24×10^{4}$KJ

6－3　（1）473K；（2）42.3％

6－4　吸收$2.75×10^{6}$J，放出$1.7×10^{6}$J

6－5　93K

6－6　22kg

6－7　证明略

6－8　证明略

6－9　证明略

6－10　$\dfrac{a}{C_{\mathrm{V}}}\left(\dfrac{1}{V_2}-\dfrac{1}{V_1}\right)$

6－11　-3.25K，负号表示范氏气体自由膨胀后温度降低

第七章

7-1　(1) a^3 ; (2) 2 ; (3) $\frac{\sqrt{3}}{2}a$; (4) 8 ; (5) $\frac{a^3}{2}$, 1

7-2　证明略

7-3　证明略

7-4　$a_m = 2.50 \times 10^{-109} J \cdot m^{9.4}$

7-5　$7.25 \times 10^5 J \cdot mol^{-1}$

第八章

8-1　$2.18 \times 10^8 J$

8-2　$5.3 \times 10^{-5} m$

8-3　$1.3 \times 10^5 Pa$

8-4　$1.27 \times 10^4 Pa$

8-5　25.5N

8-6　$2.98 \times 10^{-2} m$

8-7　0.025m

8-8　(1) 0.713m ; (2) $9.6 \times 10^5 Pa$; (3) $2.04 \times 10^{-2} m$

8-9　0.174m

第九章

9-1　$3.2 \times 10^3 J$

9-2　蒸发和沸腾是液体汽化的两种不同形式。蒸发是液体表面的汽化，任何温度下都能进行。沸腾是在整个液体内部发生的汽化，只在沸点进行。但从相变机构看，两者并无根本区别，沸腾时，相变仍在气、液分界面上以蒸发的方式进行，只是液体内部涌现大量气泡，大大增加了气液分界面，因而汽化剧烈。

9-3　(1) $4.895 \times 10^5 J \cdot kg^{-1}$, $8.097 \times 10^4 J \cdot kg^{-1}$, $5.705 \times 10^5 J \cdot kg^{-1}$; (2) $4.767 \times 10^3 Pa \cdot K^{-1}$

9-4　$4.66 \times 10^{-6} m^3$

9-5　凹液面时，饱和蒸汽压比平液面时小，因为在凹液面情形下，分子逸出液面所需的功比平液面时大（要多克服一部分液体分子的引力），使单位时间内逸出凹液面的分子数比平液面时少，因而饱和蒸汽压较小。

凸液面时，分子逸出液面所需的功比平液面时大，同理知，凸液面时，饱和蒸汽压比平液面时大。

9-6　$6.27 \times 10^4 N \cdot m^{-2}$

9-7　结晶过程是由生核和晶体生长两种过程组成的。生核，指液体内部产生（或自发形成，或非自发形成，或人为加入）晶核。晶体生长，指围绕晶核的原子继续按一定规则排列在上面，使晶体得以发展长大。

　　一般情形下，晶体中往往同时有大量晶核出现，沿不同的晶面法线方向的生长速度不同，所以到结晶完成约 50％ 时，生长着的晶粒之间就要互相接触，使晶粒只能朝着尚有液体的方向生长，从而使晶粒具有不规则的外形，最后形成的是多晶体。

9-8　$2.84×10^6 \text{J} \cdot \text{kg}^{-1}$

9-9　某物质两相平衡共存时，压强和温度之间有一定的函数关系，可用 $p\text{-}T$ 图上的一条曲线表示，此图形称为该物质的二相图。

　　汽化曲线 OK 有下述特点：

　　有起点和终点。终点是临界点 K，因 K 点以上不存在气液共存状态，起点是 O，因 O 点以下，气相只能与固相平衡共存。OK 两旁是气液两区。OK 上任一点表示一个等温等压相变过程。OK 表示出饱和蒸汽压与温度的关系，因为沸腾时外界压强等于饱和蒸汽压，所以 OK 表示的也是沸点与外界压强的关系。

9-10　52atm，157.4K

参 考 文 献

［1］ 李椿，章立源，钱尚武. 热学 ［M］. 2 版. 北京：高等教育出版社，2008.

［2］ 秦允豪. 普通物理学教程——热学 ［M］. 2 版. 北京：高等教育出版社，2011.

［3］ 赵凯华，罗蔚茵. 新概念物理教程——热学 ［M］. 2 版. 北京：高等教育出版社，2005.

［4］ 黄淑清，聂宜如，申先甲. 热学教程 ［M］. 2 版. 北京：高等教育出版社，2011.

［5］ 曹烈兆，周子舫. 热学热力学与统计物理 ［M］. 2 版. 北京：科学出版社，2014.

［6］ 范宏昌. 热学 ［M］. 北京：科学出版社，2003.

［7］ 徐行. 热学 ［M］. 北京：高等教育出版社，1990.

［8］ 张玉民. 热学 ［M］. 2 版. 北京：科学出版社，2006.

［9］ 王竹溪. 热力学 ［M］. 北京：高等教育出版社，1983.

［10］ 刘玉鑫. 大学物理通用教程——热学 ［M］. 2 版. 北京：北京大学出版社，2013.

［11］ 李洪芳. 热学 ［M］. 2 版. 北京：高等教育出版社，2001.

［12］ 常树人. 热学 ［M］. 2 版. 天津：南开大学出版社，2009.

［13］ 包科达. 热学教程 ［M］. 北京：科学出版社，2016.

［14］ 吴瑞贤，章立源. 热学研究 ［M］. 成都：四川大学出版社，1987.

［15］ 欧阳容百. 热力学与统计物理 ［M］. 北京：科学出版社，2007.

［16］ 汪志诚. 热力学与统计物理 ［M］. 4 版. 北京：高等教育出版社，2008.

［17］ 林宗涵. 热力学与统计物理 ［M］. 北京：北京大学出版社，2007.

［18］ 程守洙，江之永. 普通物理学 ［M］. 2 版上册. 北京：高等教育出版社，2006.

［19］ 张三慧. 大学物理学：力学、热学 ［M］. 3 版. 北京：清华大学出版社，2008.

［20］ 费恩曼，等. 费恩曼物理学讲义 ［M］. 上海：上海科技出版社，2006.

［21］ 卢德馨. 大学物理学 ［M］. 2 版. 北京：高等教育出版社，2003.

［22］ 冯瑞，金国钧. 凝聚态物理学 ［M］. 北京：高等教育出版社，2013.

［23］ 于渌，皓柏林. 相变和临界现象 ［M］. 北京：科学出版社，1984.

［24］ 中国大百科全书　物理学 ［M］. 北京：中国大百科全书出版社，1987.